江苏省高等学校重点教材（编号：2021-2-102）

普通高等教育计算机类专业系列教材

软 件 工 程

主　编　张佩云

副主编　余文斌

科学出版社

北　京

内 容 简 介

本书本着理论联系实际、专业特色突出的原则,从传统方法学和面向对象方法学两个方面介绍软件工程的主要内容,使学生能够掌握计算机软件系统开发和维护的基本原理,提高综合应用所学知识的能力,提高分析问题、解决问题和实际的软件开发能力。

全书共 12 章,系统讲述软件开发、维护和管理的工程化的概念、原理、方法和技术,主要内容包括软件工程的基本概念、可行性研究、需求分析、概要设计、详细设计、实现、维护等软件开发过程、原理、方法、规范以及软件项目管理的基本技术等,并力图通过案例贯穿两种方法学的相应章节。

本书涵盖软件工程基础内容的各个方面,可作为计算机科学与技术、软件工程、信息安全等专业的本科生教材,也可供软件信息行业的工程技术人员参考。

图书在版编目(CIP)数据

软件工程 / 张佩云主编. —北京:科学出版社,2022.8
(江苏省高等学校重点教材·普通高等教育计算机类专业系列教材)
ISBN 978-7-03-073066-4

Ⅰ.①软… Ⅱ.①张… Ⅲ.①软件工程-高等学校-教材 Ⅳ.①TP311.5

中国版本图书馆 CIP 数据核字(2022)第 162686 号

责任编辑:纪晓芬 / 责任校对:马英菊
责任印制:吕春珉 / 封面设计:东方人华平面设计部

科学出版社 出版
北京东黄城根北街 16 号
邮政编码:100717
http://www.sciencep.com

北京九州迅驰传媒文化有限公司印刷
科学出版社发行 各地新华书店经销
*
2022 年 8 月第 一 版 开本:787×1092 1/16
2024 年 8 月第三次印刷 印张:13 3/4
字数:326 000
定价:49.00 元
(如有印装质量问题,我社负责调换)
销售部电话 010-62136230 编辑部电话 010-62135397-2021(HF02)

前　言

随着信息技术的不断拓展，万物互联，软件近乎无处不在。这意味着软件工程影响着包括国防、金融、教育和医疗等领域的发展，软件工程已逐渐上升到国家长期发展战略的层面。在推动战略性新兴产业融合集群发展，构建新一代信息技术、人工智能、生物技术、新能源、新材料、高端装备、绿色环保等一批新的增长引擎的进程中，软件工程的重要性日益突出。

软件工程是对软件的设计、开发和维护进行详细的工程研究。软件工程师应用工程原理和编程语言知识为终端用户建立软件解决方案。引入软件工程是为了解决软件危机，确保应用程序的构建始终如一、正确、准时、符合预算并符合要求。

本书在知识结构的组织方面充分参考了电气与电子工程师学会（Institute of Electrical and Electronics Engineers，IEEE）最新发布的"软件工程知识体系（software engineering body of knowledge，SWEBOK）"框架，系统地反映软件工程的全貌，从传统方法学和面向对象方法学两个视角并行介绍软件工程的原理、概念、技术方法和部分工具。在整体结构上，本书注重两种方法学之间的逻辑性和整体性，注重贯穿软件开发整个过程的系统性认识和实践性应用，内容既兼顾了传统实用的软件开发方法，又展现了现代软件工程的现状和发展前沿现状。

鉴于软件工程实践性强，并且理论内容结合实际应用有助于学生切实掌握软件开发的理论、流程和技术，全书采用案例驱动的编写思路，以日常较为熟悉的超市和快递系统等应用实例为线索，以当前流行的统一开发过程、面向对象技术和统一建模语言（unified modeling language，UML）作为核心，密切联系先进技术和最佳实践，结合教学内容，设计逻辑连贯的典型案例，从而让用例的概念和内容具体而清晰，使本书具有更好的针对性和便利性。书中包含项目组成员多年来在软件开发实践、软件工程教学和科研活动中的认识与体会，通过大量的案例分析，力求实现课程内容与组织结构的系统性、先进性、基础性和实用性。

全书共 12 章。其中，第 1 章是概论，对整本书做总领性介绍，包括软件、软件危机、软件工程以及软件生命周期的介绍。第 2 章是软件方法学与过程模型，针对软件过程模型这一要素，结合软件生命周期，分别对传统方法学和面向对象方法学分析不同过程模型的功能和异同点。第 3～7 章围绕软件的生命周期，介绍传统方法学，包括可行性研究与需求分析、概要设计、详细设计、实现和维护。这些软件生命周期的各个阶段工作是传统方法学的重要基础。第 8～11 章针对当前流行的面向对象方法学，进行软件分析、设计和实现。面向对象方法学融入了软件生命周期理念，一方面体现面向对象方法的生命周期思想，另一方面体现面向对象方法学特有的无缝和迭代思想。第 12 章围绕软件项目管理技术展开介绍。全书基于案例驱动，系统地贯穿了软件的生命周期思想，将两种方法学有机组织和逻辑贯通，让软件工程两种方法学的发展呈现时间的先后关系，体现技术的传承和发展，使全书的逻辑性更强，承接关系更清晰。

在课程教学计划中，建议总课时 48 学时，其中理论讲授安排 32 学时，实践安排 16 学时。建议采用第 1～12 章的自然顺序讲授，其中第 3～11 章分两种思路分别展开，即传统方法学（第 3～7 章）和面向对象方法学（第 8～11 章）的分析与设计过程。对已在本科阶段学过软件工程的硕士研究生，着重讲授面向对象的软件工程理念。

本书第 1～5 章、第 7～9 章由南京信息工程大学张佩云教授编写，第 6 章由南京信息工程大学徐扬博士编写，第 10、11 章由南京信息工程大学余文斌博士编写，第 12 章由南京信息工程大学周小莉博士编写。研究生郭威峰、陶言昊、丁松、范家俊、潘朝君、黄天林、夏铭蔚等人承担了资料的收集和整理等。感谢南京信息工程大学计算机学院院领导对编者编写此书的鼓励和全力配合。本书的成稿作者参考了大量国内外优秀的著作、教材、文献资料和科研成果，在此编者向所有对本书编写和出版工作给予支持和帮助的人表示衷心的感谢。

由于编者水平有限，加之时间仓促，书中疏漏之处在所难免，恳请广大读者批评指正。

目　　录

第1章　概论 ………………………………………………………………………… 1
  1.1　软件概述 …………………………………………………………………… 1
    1.1.1　软件的定义 …………………………………………………………… 1
    1.1.2　软件的特点 …………………………………………………………… 1
    1.1.3　软件的分类 …………………………………………………………… 2
  1.2　软件危机 …………………………………………………………………… 3
    1.2.1　软件发展阶段 ………………………………………………………… 3
    1.2.2　软件危机的背景、表现、原因及解决途径 ………………………… 5
  1.3　软件工程概述 ……………………………………………………………… 7
    1.3.1　软件工程的定义 ……………………………………………………… 7
    1.3.2　软件工程的特点 ……………………………………………………… 7
    1.3.3　软件工程的基本原理 ………………………………………………… 8
    1.3.4　软件工程的基本目标 ……………………………………………… 10
  1.4　软件生命周期 …………………………………………………………… 10
    1.4.1　软件定义时期 ……………………………………………………… 11
    1.4.2　软件开发时期 ……………………………………………………… 11
    1.4.3　软件运行维护时期 ………………………………………………… 12
  习题 ………………………………………………………………………… 12
第2章　软件方法学与过程模型 ………………………………………………… 13
  2.1　软件方法学 ……………………………………………………………… 13
    2.1.1　传统方法学 ………………………………………………………… 13
    2.1.2　面向对象方法学 …………………………………………………… 13
  2.2　软件过程模型 …………………………………………………………… 14
    2.2.1　传统方法学的过程模型 …………………………………………… 14
    2.2.2　面向对象方法学的过程模型 ……………………………………… 19
    2.2.3　其他过程模型 ……………………………………………………… 21
  习题 ………………………………………………………………………… 23
第3章　可行性研究与需求分析 ………………………………………………… 25
  3.1　可行性研究 ……………………………………………………………… 25
    3.1.1　可行性研究的任务 ………………………………………………… 25
    3.1.2　可行性研究过程 …………………………………………………… 26
    3.1.3　系统流程图 ………………………………………………………… 27
    3.1.4　成本/效益分析 …………………………………………………… 29

3.2 需求分析 ·· 32
    3.2.1 需求分析概述 ··· 32
    3.2.2 需求获取的方法 ··· 34
    3.2.3 需求分析建模 ··· 36
    3.2.4 其他图形工具 ··· 49
    3.2.5 需求分析的过程和需求规格说明书 ······································· 50
    3.2.6 验证软件需求 ··· 51
习题 ·· 53

第4章 概要设计 ·· 54
4.1 设计过程 ·· 54
    4.1.1 设想供选择的方案 ··· 54
    4.1.2 选取合理的方案 ··· 54
    4.1.3 推荐最佳方案 ··· 54
    4.1.4 功能分解 ··· 54
    4.1.5 设计软件结构 ··· 55
    4.1.6 设计数据库 ··· 55
    4.1.7 制订测试计划 ··· 55
    4.1.8 书写文档 ··· 56
    4.1.9 审查和复审 ··· 56
4.2 设计原理 ·· 56
    4.2.1 模块化 ··· 56
    4.2.2 抽象 ··· 57
    4.2.3 逐步求精 ··· 57
    4.2.4 信息隐藏和局部化 ··· 58
    4.2.5 模块独立 ··· 58
4.3 启发规则 ·· 61
    4.3.1 改进软件结构,提高模块独立性 ··· 61
    4.3.2 模块规模应该适中 ··· 61
    4.3.3 深度、宽度、扇出和扇入都应适当 ······································· 62
    4.3.4 模块的作用域应该在控制域之内 ··· 62
    4.3.5 力争降低模块接口的复杂程度 ··· 62
    4.3.6 设计单入口单出口的模块 ··· 63
    4.3.7 模块功能应该可以预测 ··· 63
4.4 面向数据流的设计方法 ·· 63
    4.4.1 概念 ··· 63
    4.4.2 变换分析 ··· 65
    4.4.3 事务分析 ··· 67
4.5 案例设计 ·· 68

习题 ··· 69

第 5 章 详细设计 ·· 70

5.1 详细设计的任务 ··· 70

5.1.1 确定每个模块的具体算法 ······································ 70

5.1.2 确定每个模块的内部数据结构及数据库的物理结构 ······· 70

5.1.3 确定模块接口的具体细节 ······································ 70

5.1.4 编写文档，进行复审 ·· 70

5.2 人机界面设计 ·· 71

5.2.1 设计问题与设计过程 ·· 71

5.2.2 人机界面设计指南 ··· 72

5.3 过程设计的工具与结构程序设计 ······································ 73

5.3.1 过程设计的工具 ·· 73

5.3.2 结构程序设计 ··· 78

5.4 面向数据结构的设计方法 ··· 79

5.5 程序复杂程度的定量度量——McCabe 方法 ·························· 82

习题 ··· 85

第 6 章 实现 ··· 87

6.1 编码 ··· 87

6.1.1 选择适宜的程序设计语言 ······································ 87

6.1.2 遵循合理的编码风格 ·· 88

6.2 软件测试基础 ·· 90

6.2.1 测试的目标 ··· 90

6.2.2 测试问题和测试准则 ·· 90

6.2.3 测试方法 ·· 92

6.2.4 测试步骤 ·· 93

6.2.5 测试阶段的信息流 ··· 93

6.3 单元测试 ·· 94

6.3.1 测试重点 ·· 94

6.3.2 代码审查 ·· 95

6.4 集成测试 ·· 95

6.4.1 非渐增式测试 ··· 95

6.4.2 渐增式测试 ··· 96

6.5 验收测试 ·· 97

6.5.1 验收测试的范围 ·· 98

6.5.2 Alpha 和 Beta 测试 ·· 98

6.6 白盒测试技术 ·· 98

6.6.1 逻辑覆盖 ·· 98

6.6.2 控制结构测试——基本路径测试 ································ 101

6.7 黑盒测试技术 ·· 103
   6.7.1 等价划分法 ·· 103
   6.7.2 边界值分析法 ·· 105
   6.7.3 错误推测法 ·· 105
6.8 调试 ·· 106
   6.8.1 调试过程 ·· 106
   6.8.2 调试途径 ·· 107
6.9 软件可靠性 ·· 107
   6.9.1 基本概念 ·· 107
   6.9.2 估算平均无故障时间的方法 ······································ 108
习题 ··· 109

第7章 维护 ··· 110
7.1 软件维护概述 ·· 110
   7.1.1 软件维护的定义 ·· 110
   7.1.2 软件维护的类型 ·· 110
   7.1.3 软件维护的特点 ·· 111
7.2 软件的可维护性 ·· 112
   7.2.1 软件可维护性定义 ·· 112
   7.2.2 决定软件可维护性的因素 ·· 112
7.3 软件维护过程 ·· 113
   7.3.1 维护组织 ·· 113
   7.3.2 维护报告 ·· 113
   7.3.3 维护的事件流 ·· 114
   7.3.4 保存维护记录 ·· 115
   7.3.5 评价维护活动 ·· 115
7.4 预防性维护 ·· 115
   7.4.1 老程序修改方法 ·· 115
   7.4.2 开发新程序的必要性 ·· 116
7.5 软件再工程过程 ·· 116
   7.5.1 库存目录分析 ·· 117
   7.5.2 文档重构 ·· 117
   7.5.3 逆向工程 ·· 117
   7.5.4 代码重构 ·· 117
   7.5.5 数据重构 ·· 118
   7.5.6 正向工程 ·· 118
习题 ··· 118

第8章 面向对象方法学 ··· 119
8.1 面向对象方法学概述 ·· 119

　　　　8.1.1　面向对象方法学的要点 ································· 119
　　　　8.1.2　面向对象方法学的优点 ································· 120
　　8.2　面向对象的概念 ······································ 122
　　　　8.2.1　对象 ······································· 122
　　　　8.2.2　其他概念 ··································· 123
　　8.3　面向对象建模 ·· 124
　　　　8.3.1　对象模型 ··································· 124
　　　　8.3.2　动态模型 ··································· 130
　　　　8.3.3　功能模型 ··································· 131
　　　　8.3.4　三种模型之间的关系 ················· 131
　　习题 ·· 131
第 9 章　面向对象分析 ·· 132
　　9.1　面向对象分析的基本过程 ························· 132
　　　　9.1.1　概述 ······································· 132
　　　　9.1.2　三个子模型与五个层次 ············· 133
　　9.2　建立功能模型 ·· 134
　　　　9.2.1　需求陈述 ··································· 134
　　　　9.2.2　书写要点 ··································· 134
　　　　9.2.3　需求陈述示例 ······················· 134
　　　　9.2.4　建立用例图 ··························· 135
　　9.3　建立对象模型 ·· 140
　　　　9.3.1　确定类 ····································· 141
　　　　9.3.2　确定关联 ··································· 143
　　　　9.3.3　划分主题与确定属性 ················· 147
　　　　9.3.4　识别继承关系 ······················· 148
　　　　9.3.5　反复修改 ··································· 149
　　9.4　建立动态模型 ·· 150
　　　　9.4.1　画顺序图 ··································· 150
　　　　9.4.2　画状态图 ··································· 153
　　　　9.4.3　审查动态模型 ······················· 154
　　9.5　定义服务 ·· 155
　　　　9.5.1　常规行为 ··································· 155
　　　　9.5.2　从事件导出的操作 ··················· 155
　　习题 ·· 155
第 10 章　面向对象设计 ······································ 157
　　10.1　基本设计概念 ······································ 157
　　　　10.1.1　对象与类的设计 ····················· 157
　　　　10.1.2　基于重用的设计 ····················· 159

10.2 类继承与对象组合 ·· 160
　10.2.1 定义 ·· 160
　10.2.2 优缺点 ··· 161
10.3 可替代性 ··· 162
　10.3.1 定义 ·· 162
　10.3.2 用途 ·· 163
10.4 迪米特法则 ·· 163
10.5 依赖倒置 ··· 164
10.6 面向对象设计模式 ··· 165
　10.6.1 模板方法模式 ·· 167
　10.6.2 工厂方法模式 ·· 168
　10.6.3 策略模式 ·· 168
　10.6.4 装饰器模式 ··· 169
　10.6.5 观察者模式 ··· 170
　10.6.6 复合模式 ·· 170
　10.6.7 访客模式 ·· 171
习题 ·· 173

第 11 章　面向对象实现 ·· 175
11.1 编程过程 ··· 175
　11.1.1 编程就是解决问题 ·· 175
　11.1.2 极限编程 ·· 176
　11.1.3 结对编程 ·· 176
11.2 信息系统示例 ··· 177
　11.2.1 按值传递 ·· 177
　11.2.2 指针传递 ·· 178
　11.2.3 引用传递 ·· 178
11.3 实时系统示例 ··· 178
11.4 测试面向对象系统 ··· 179
　11.4.1 测试代码 ·· 179
　11.4.2 面向对象测试与传统测试的区别 ·· 180
习题 ·· 181

第 12 章　软件项目管理 ·· 182
12.1 软件规模估算 ··· 183
　12.1.1 代码行估算技术 ·· 183
　12.1.2 功能点估算技术 ·· 184
12.2 软件工作量估算 ·· 187
　12.2.1 工作量估算定义 ·· 187
　12.2.2 项目工作量估算方法 ·· 187

　　　12.2.3　基于工作分解结构的工作量估算 ································· 191
　12.3　软件进度计划 ·· 191
　　　12.3.1　甘特图 ··· 191
　　　12.3.2　工程网络 ·· 192
　　　12.3.3　估算工程进度 ··· 193
　12.4　软件质量管理 ·· 194
　　　12.4.1　软件质量因素 ·· 194
　　　12.4.2　软件质量保证方法 ·· 195
　12.5　软件配置管理 ·· 196
　　　12.5.1　基本概念 ·· 197
　　　12.5.2　软件配置过程 ·· 197
　12.6　软件项目人员管理 ·· 199
　　　12.6.1　团队组织 ·· 199
　　　12.6.2　小组结构的选择 ·· 202
　12.7　软件能力成熟度模型 ·· 202
　　　12.7.1　基本概念 ·· 202
　　　12.7.2　CMM 成熟度等级 ·· 203
　　　12.7.3　关键过程域 ·· 206
习题 ··· 206
参考文献 ··· 208

第 1 章 概　　论

"软件工程"一词是由北大西洋公约组织（North Atlantic Treaty Organization，NATO）的计算机科学家，于 1968 年在联邦德国召开的国际会议上首次提出来的。产生软件工程这门学科的时代背景是"软件危机"。软件工程的发展和应用不仅缓和了软件危机，而且促使一门新兴的工程学科诞生。软件工程是应用计算机科学、工程学、管理学及数学的原则、方法来创建软件的学科，它对指导软件开发、质量控制以及开发过程的管理起着非常重要的作用。本章介绍软件和软件工程的基本概念，包括软件（software）、软件危机、软件工程、软件生命周期、传统软件工程、面向对象软件工程等，从而使读者对软件工程与软件开发技术有所认识。

1.1　软　件　概　述

1.1.1　软件的定义

计算机由硬件系统和软件系统组成，而软件系统又分为系统软件和应用软件。这些软件与人们的生活息息相关：从 Windows 操作系统、Office 办公软件、微信聊天软件到洗衣机等家用电器中的内嵌软件，人们每天都在使用软件，那么软件是什么呢？

电气与电子工程师学会为软件下的定义是：计算机程序、方法、规则、相关的文档资料以及在计算机上运行程序时所必需的数据。由此可见，软件不只是包括在计算机上运行的程序，与这些程序相关的文档一般也被认为是软件的一部分。简单地说，软件就是程序+文档的集合体，更进一步可将软件表示成：软件=程序+数据+文档+服务。

程序：表示能够完成预定功能和性能的可执行的指令集合，如 Python 程序、Java 程序等，可以理解成程序员为了让计算机完成一项任务所编写出的一系列指令。

数据：是依照某种数据模型组织起来并存储在计算机中的数据集合，这里是指代码程序的输入数据、输出数据以及程序执行过程中的中间结果数据等。

文档：指软件在开发、使用和维护过程中产生的文字和图形的集合，是为了便于让使用者了解程序所需的阐明性资料，如规格说明文档、设计文档、用户手册等。

服务：是通过提供必要的手段和方法，满足用户需求的过程，如安装指导、售后技术支持、云端技术服务等。

1.1.2　软件的特点

为了能全面、正确地理解计算机和软件，必须了解软件的特点。软件是一种特殊的产品，与传统的工业产品相比，具有以下特点。

1）软件是一种逻辑产品，而不是具体的物理实体，具有抽象性，人们可以把它记录在纸上，保存在计算机内存、磁盘和光盘等存储介质上，但却无法看到软件本身的形态，必须通过观察、分析、思考、判断以及通过计算机的执行才能了解到它的功能和作用。

2）软件产品的生产主要是开发研制，没有明显的制造过程。软件开发研制完成后，通过复制可以产生大量软件产品，所以对软件的质量控制，必须着重在软件开发方面下功夫。

3）软件产品在使用过程中，不存在磨损、消耗、老化等问题。但软件在运行时，为了适应软件硬件、环境以及需求的变化而进行修改、完善时，会引入一些新的错误，从而使软件退化，在修改的成本变得让人们难以接受时，软件就被抛弃，生命周期停止。

4）软件产品的开发主要是脑力劳动，还未完全摆脱手工开发方式，大部分软件产品是"定做的"，生产效率低。

5）软件产品的研制成本相当昂贵，软件费用不断增加，软件的研制需要投入大量的人力、物力和资金，生产过程中还需对产品进行质量控制，对每件产品进行严格的检验。

6）软件对硬件和环境有不同程度的依赖性，为了减少这种依赖性，在软件开发中提出了软件的可移植性问题。

7）软件是复杂的。软件是人类有史以来生产的复杂度最高的工业产品，是一个庞大的逻辑系统。软件开发，尤其是应用软件的开发常常涉及其他领域的专业知识，这就对软件开发人员提出了很高的要求。

1.1.3 软件的分类

从计算机系统角度看，软件分为两大类：系统软件和应用软件。系统软件是指管理、控制和维护计算机及外设，以及提供计算机与用户交互等功能的软件，如操作系统、各种语言的编译系统、数据库管理系统及网络软件等。应用软件是指能解决某一应用领域问题的软件，如财会软件、通信软件、计算机辅助教学（computer aided instruction，CAI）软件等。

从用途来划分，软件大致分为服务类、维护类和操作管理类。服务类软件：此类软件是面向用户的，为用户提供各种服务，包括多种软件开发工具和常用的库函数及多种语言的集成化软件，如 Windows 下的 Visual C++软件等。维护类软件：此类软件是面向计算机维护的，包括错误诊断和检测软件、测试软件、多种调试所用软件，如 Debug 等。操作管理类软件：此类软件是面向计算机操作和管理的，包括各种操作系统、网络通信系统、计算机管理软件等。

1.2　软　件　危　机

1.2.1　软件发展阶段

伴随着第一台计算机的问世,计算机程序随之出现。在以后几十年的发展过程中,人们逐步认识了软件的本质特征,发明了许多有意义的开发技术与开发工具,同时软件的规模和复杂度不断扩大,其应用几乎渗透到各个领域。纵观整个软件的发展过程,大致可以分为以下四个重要的阶段。

1. 程序设计阶段: 20 世纪 50～60 年代

1947 年到 20 世纪 60 年代初是计算机软件发展的初期。在该时期,人们最关心的是计算机能否可靠、持续地运行以解决数值计算问题,软件仅仅被看作是工程技术人员为解决某个实际问题而专门编写的程序,而且程序规模小,程序的开发者和使用者又往往是同一个人,无须向其他人做任何的交代和解释。因此,程序设计只是一个隐含在开发者头脑中的过程,程序设计的结果除了程序流程图和源程序清单外,没有任何其他形式的文档资料保留下来。此时只有程序的概念,没有软件的概念。因此,这个时期软件开发就是指程序设计,其开发方式为个体手工生产,而且程序设计很少考虑通用性。

60 年代初,由于硬件体积大、存储容量小、运算速度慢、价格高,因此,为了提高运行效率、节约成本,程序设计人员非常讲究编程技巧,主要采用汇编语言,甚至机器语言,以解决计算机内存容量不够和运算速度低的矛盾。由于过度追求编程技巧,程序设计被视为某个人的神秘技巧,程序除作者本人外,其他人很难读懂。

2. 程序系统阶段: 20 世纪 60～70 年代

20 世纪 60 年代初到 70 年代初,计算机硬件技术有了较大的发展,稳定性与可靠性也有了极大提高。随着通道技术、中断技术的出现,外存储设备、人机交互设备的改进为计算机应用领域的扩大奠定了基础。计算机从单一的科学计算,扩展到数据处理、实时控制等方面,工程界对计算机辅助设计(computer aided design,CAD)应用软件的制作要求也越来越迫切。

与此同时,人们为摆脱汇编语言和机器语言编程的困难,相继研制出一批高级程序设计语言(ALGOL、FORTRAN、BASIC、Pascal、COBOL、C 语言等),这些高级程序设计语言大大加速了计算机应用普及的步伐,各种类型的应用程序相继出现。高级程序设计语言使该时期结构化程序设计成为主要的开发技术和手段。

另外,一些商业计算机公司为了扩大系统的功能,方便用户使用,合理调度计算机资源,提高系统运行效率,也投入了大量人力、物力从事系统软件和支撑软件的开发研究。

此时,无论是应用软件还是系统软件,软件的规模都比较大,各个软件成分之间的关系也比较复杂,软件的通用性也很强。因此,提出了"软件"这一概念,但人们对软件的认识仅仅局限于"软件=程序+说明"。该时期软件开发的特征主要表现在以下三个方面。

1）由于程序的规模增大，程序设计已不可能由一个人独立完成，而需要多人分工协作，软件的开发方式由"个体生产"发展到"软件作坊"。

2）程序的运行、维护也不再由一个人来承担，而是由开发小组承担。

3）程序已不再是计算机硬件的附属成分，而是计算机系统中与硬件相互依存、共同发挥作用不可缺少的部分。在计算机系统的开发过程中，起主导作用的已不仅仅是硬件工程师，同时也包括软件工程师。

这个时期的软件已经达到中小型规模，逻辑关系复杂，软件开发与维护难度很大。当软件投入运行时，需要纠正开发时期潜在的错误、补充开发用户提出的新需求以及根据运行环境的变化对软件进行调整，由于小组"软件作坊"本身的个性化开发特征，缺乏良好的小组管理水平，使许多软件产品不可维护，最终导致软件危机。

3. 传统软件工程阶段：20 世纪 70～90 年代

微处理器的出现与应用使个人计算机真正成为大众的商品，而软件系统的规模、复杂性，以及在关键领域的广泛应用，促进了软件开发过程的管理及工程化的开发。在这个时期，人们认识到软件开发不再仅仅是编写程序，还包括开发、使用和维护过程所需的文档，软件的工作范围已经扩展到从需求定义、分析、设计、编码、测试到使用、维护等整个软件生命周期。

这个时期软件产业已经兴起，"软件作坊"已经发展为"软件公司"。软件的开发不再是"个体生产"或"手工作坊"式的开发方式，而是以工程化的思想做指导，用工程化的原则、方法和标准来开发和维护软件。软件开发的成功率大大提高，软件的质量也有了很大的保证。软件也已经产品化、系列化、标准化、工程化。

在这一时期，软件工程开发环境（computer aided software engineering，CASE）及其相应的集成工具大量涌现，软件开发技术中的度量问题受到重视，出现了构造性成本模型（constructive cost model，COCOMO）、软件能力成熟度模型（capability maturity model，CMM）等。80 年代后期，以 Smalltalk、C++等为代表的面向对象技术使传统的结构化技术受到严峻挑战。

4. 现代软件工程阶段：20 世纪 90 年代至今

Internet 技术的迅速发展使软件系统从封闭走向开放，Web 应用成为人们在 Internet 上最主要的应用模式，异构环境下分布式软件的开发成为一种主流需求，软件复用和构件技术成为技术热点，出现以 Sun 公司（现已被 Oracle 公司收购）的 EJB/J2EE（enterprise java beans/java 2 platform enterprise edition）、Microsoft 公司的 COM+/DNA（component object model+/distributed internet applications architecture）和对象管理组织（object management group，OMG）的 CORBA/OMA（common object request broker architecture/object management architecture）为代表的三个分支。与此同时，需求工程、软件过程、软件体系结构等方面的研究也取得有影响的成果。

进入 21 世纪，Internet 正在向智能网络时代发展，以 Web 服务（web service）和云计算为代表的分布式计算日趋成熟，从而实现信息充分共享和服务无处不在的应用环境。这个时代的主流应用技术包括面向对象技术、软件复用技术（设计模式、软件框架、软件体系结构等）、构件设计技术、分布式计算技术、软件过程管理技术等。

1.2.2 软件危机的背景、表现、原因及解决途径

1. 软件危机的背景

20 世纪 60 年代以前，计算机刚刚投入实际使用，软件设计往往只是为了一个特定的应用而在指定的计算机上设计和编写，采用密切依赖于计算机的机器代码或汇编语言，软件的规模比较小，文档资料通常也不存在，很少使用系统化的开发方法，设计软件往往等同于编写程序，基本上是个人设计、个人使用、个人操作、自给自足的私人化的软件生产方式。60 年代中期，大容量、高速度计算机的出现，使计算机的应用范围迅速扩大，软件开发急剧增长。高级语言开始出现，操作系统的发展引起了计算机应用方式的变化，大量数据处理导致第一代数据库管理系统的诞生。软件系统的规模越来越大，复杂程度越来越高，软件可靠性问题也越来越突出。原来的个人设计、个人使用的方式不再能满足要求，软件危机开始爆发，迫切需要改变软件生产方式，提高软件生产率。

2. 软件危机的表现

1）对软件开发成本和研制进度的估计常常很不精确。经费预算经常突破，完成时间一拖再拖。这种现象降低了软件开发组织的信誉，而且有时为了赶进度和节约成本所采取的一些权宜之计又往往影响了软件产品的质量，从而不可避免地会引起用户的不满。

2）"已完成"的软件不能满足用户要求。软件开发人员常常对用户需求只有模糊的了解，甚至在对所要解决的问题还没有确切认识的情况下，就匆忙着手编写程序。软件开发人员和用户又未能及时交换意见，一些问题不能得到及时解决，导致开发的软件不能满足用户要求，使开发失败。

3）软件产品质量差，可靠性得不到保证。软件质量保证技术（审查、复审和测试）还没有坚持不懈地应用到软件开发的全过程中，提交给用户的软件质量差，在运行中暴露大量问题。

4）软件产品可维护性差。软件开发人员在开发过程中按各自的风格工作，各行其是，没有统一、公认的规范和完整规范的文档，发现问题后进行杂乱无章的修改。程序结构不好，运行时发现错误也很难修改，导致维护性差。

5）软件成本在计算机系统总成本中占比逐年上升。软件的发展跟不上硬件的发展。由于微电子技术的进步和生产自动化程度的不断提高，硬件成本逐年下降，然而软件开发需要大量人力，软件成本也随着通货膨胀以及软件规模和数量的不断扩大而持续上升。

6）软件开发生产率提高的速度远远跟不上计算机应用迅速普及深入的趋势。软件的发展跟不上用户的要求。软件产品"供不应求"的现象使人类不能充分利用现代计算

机硬件提供的巨大潜力。

以上列举的仅仅是软件危机的典型表现，与软件开发和维护有关的问题远远不止这些。

3. 软件危机的原因及解决途径

产生软件危机的原因与软件本身的特点（逻辑复杂、成本高、风险大、难以维护）以及软件开发与维护的方法不正确有关。

大型、复杂软件系统的开发是一项工程，必须按照工程化的方法组织软件的开发和管理，必须经过分析、设计、实现、测试、维护等一系列软件过程和活动。否则，软件的变动将会带来很大的代价问题，图 1-1 给出了引入同一变动付出的代价随时间变化的趋势。

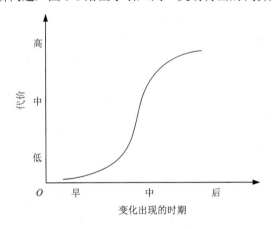

图 1-1　引入同一变动付出的代价随时间变化的趋势

为解决软件危机，许多计算机和软件科学家尝试着将其他工程领域中行之有效的工程学知识运用到软件开发工作中来。人们认识到，为了解决软件危机，既要有技术措施（方法和工具），还要有必要的组织管理措施。一方面，先进的开发方法和工具，不仅可以提高软件开发及维护的效率，还可以保证软件的质量；另一方面，由于软件开发活动不是简单的个体行为，要保证软件开发活动顺利地、有效地、高质量地完成，严密地组织、严格地管理和各类人员协调一致地工作，也是必不可少的因素。实践表明，有经验的组织管理人员，行之有效的原理、概念、技术和方法，都将对软件的有效开发起到重要作用。最后得出结论：按工程化的原则和方法组织软件开发工作是有效的，是摆脱软件危机的一个主要出路。软件工程正是从管理和技术两方面研究如何更好地开发和维护计算机软件的学科。在目前计算机硬件条件下，要想解决软件危机必须做到以下两个方面。

1）从管理角度：需要对计算机软件有一个正确的认识，彻底消除"软件就是程序"的错误观念；消除急于求成的心态，避免在计算机系统早期发展阶段形成的一些错误观念和做法，因为开发一个具有一定规模和复杂性的软件系统与编写一个简单的程序不一样；消除各自为政的理念，软件开发是一个组织良好、管理严密、各类人员协同配合、共同完成的工程项目，要充分认识软件开发不是某种个体劳动的神秘技巧。

2）从技术角度：需要使用和推广在实践中总结出来的成功经验，探索更有效的技术和方法；开发和使用更好的技术、方法和软件工具，正如机械工具可以"放大"人类的体力一样，软件工具也可以"放大"人类的智力，从而可以有效提高软件生产效率。软件系统开发与制造一台机器或建造一栋大厦有许多相同之处，所以要采用"工程化"的思想做指导来解决软件研究中面临的困难和混乱，从而摆脱软件危机的困境。

1.3　软件工程概述

1.3.1　软件工程的定义

1968 年 NATO 给软件工程下的定义是：软件工程就是为了经济地获得可靠的且能在实际机器上有效地运行的软件，而建立和使用完善的工程原理。

1983 年 IEEE 给软件工程下的定义是：软件工程是开发、运行、维护和修复软件的系统方法。1993 年进一步给出了一个更全面的定义，即软件工程是：①把系统的、规范的、可度量的途径应用于软件开发、运行和维护过程，也就是把工程应用于软件；②研究①中提到的途径。

1.3.2　软件工程的特点

1. 软件工程关注于大型程序的构造

通常把一个人在较短时间内写出的程序称为小型程序，而把多人合作用时半年以上才写出的程序称为大型程序。传统的程序设计技术和工具是支持小型程序设计的，不能简单地把这些技术和工具用于开发大型程序。

2. 软件工程的中心课题是控制复杂性

软件所解决的问题通常都很复杂，以至不能把问题作为一个整体通盘考虑。人们不得不把问题分解，使分解出的每个部分是可理解的，而且各部分之间保持简单的通信关系，用这种方法并不能降低问题的整体复杂性，但是却可使它变成可以管理的。注意，许多软件的复杂性主要不是由问题的内在复杂性造成的，而是由必须处理的大量细节造成的。

3. 软件经常变化

绝大多数软件都模拟了现实世界的某一部分，现实世界在不断变化，软件为了不被很快淘汰，必须随着所模拟的现实世界一起变化。因此，在软件系统交付使用后仍然需要耗费成本，而且在开发过程中必须考虑软件将来可能发生的变化。

4. 开发软件的效率非常重要

目前，社会对新的软件应用系统的需求超过了人力资源所能提供的限度，软件供不应求的现象日益严重。因此，软件工程的一个重要课题就是，寻求开发与维护软件的更好更有效的方法和工具。

5. 和谐地合作是开发软件的关键

软件处理的问题十分庞大，必须多人协同工作才能解决这类问题。为了有效地合作，必须明确规定每个人的责任和相互通信的方法。事实上，仅有上述规定还不够，每个人还必须严格按规定行事。为了迫使大家遵守规定，应该运用标准和规程。通常，可以用工具来支持这些标准和规程。总之，纪律是成功地完成软件开发项目的一个关键。

6. 软件必须有效地支持它的用户

开发软件的目的是支持用户的工作。软件提供的功能应该能有效地协助用户完成他们的工作。如果用户对软件系统不满意，可以弃用该系统，或者立即提出新的需求。因此，仅仅用正确的方法构造系统还不够，还必须构造出正确的系统。

有效地支持用户意味着必须仔细地研究用户，以确定适当的功能需求、可用性要求及其他质量要求（如可靠性、响应时间等）。有效地支持用户还意味着，软件开发不仅应该提交软件产品，还应该写出用户手册和培训材料，且注意建立使用新系统的环境。例如，一个新的图书馆自动化系统将影响图书馆的工作流程，因此应该适当地培训用户，使他们习惯新的工作流程。

7. 在软件工程领域中通常是由具有一种文化背景的人替具有另一种文化背景的人创造产品

这个特性与前两个特性紧密相关。软件工程师是诸如 Java 程序设计、软件体系结构、测试或统一建模语言等方面的专家，他们通常并不是图书馆管理、航空控制或银行事务等领域的专家，但是他们却不得不为这些领域开发应用系统。缺乏应用领域的相关知识，是软件开发项目出现问题的常见原因。

软件工程师不仅缺乏应用领域的实际知识，他们还缺乏该领域的文化知识。例如，软件开发者通过访谈、阅读书面文件等方法了解到用户组织的"正式"工作流程，然后用软件实现这个工作流程。但是，决定软件系统成功与否的关键问题是，用户组织是否真正遵守这个工作流程。对于局外人来说，这个问题更难回答。

1.3.3　软件工程的基本原理

著名软件工程专家巴利·W. 玻姆（Barry W. Boehm）在 1983 年提出了软件工程的七条基本原理。

1. 用分阶段的生命周期计划严格管理

经统计发现，在不成功的软件项目中有一半左右是由于计划不周造成的，可见把建立完善的计划作为第一条基本原理是吸取了前人的教训而提出来的。

在软件开发与维护的漫长的生命周期中，需要完成许多性质各异的工作。这条基本原理意味着，应该把软件生命周期划分成若干个阶段，并相应地制订出切实可行的计划，然后严格按照计划对软件的开发与维护工作进行管理。玻姆认为，在软件的整个生命周期中应该制订并严格执行六类计划，它们是项目概要计划、里程碑计划、项目控制计划、产品控制计划、验证计划、运行维护计划。

不同层次的管理人员都必须严格按照计划各尽其职地管理软件开发与维护工作，绝不能受客户或上级人员的影响而擅自背离预定计划。

2. 坚持进行阶段评审

软件的质量保证工作不能等到编码阶段结束后再进行。这样说至少有两个理由：第一，大部分错误是在编码之前造成的。例如，根据玻姆等的统计，设计错误占软件错误的 63%，编码错误仅占 37%；第二，错误发现与改正得越晚，所需付出的代价就越高。因此，在每个阶段都应进行严格的评审，以便尽早发现在软件开发过程中所犯的错误，这是一条必须遵循的重要原则。

3. 实行严格的产品控制

在软件开发过程中不应随意改变需求，因为改变一项需求往往需要付出较高的代价，但是，在软件开发过程中改变需求又是难免的，由于外部环境的变化，相应地改变用户需求是一种客观需要，显然不能硬性禁止客户提出改变需求的要求，而只能依靠科学的产品控制技术来顺应这种要求。也就是说，当改变需求时，为了保持软件各个配置成分的一致性，必须实行严格的产品控制，其中主要是实行基准配置管理。基准配置又称基线配置，它们是经过阶段评审后的软件配置成分（各个阶段产生的文档或程序代码）。基准配置管理也称为变动控制：一切有关修改软件的建议，特别是涉及对基准配置的修改建议，必须按照严格的规程进行评审，获得批准后才能实施修改。不能对软件（包括尚在开发过程中的软件）进行随意修改。

4. 采用现代程序设计技术

从提出软件工程的概念开始，人们一直把主要精力用于研究各种新的程序设计技术。60 年代末提出的结构程序设计技术，已经成为绝大多数人公认的先进的程序设计技术。以后又进一步发展出各种结构化分析（structured analysis，SA）与结构化设计（structured design，SD）技术。实践表明，采用先进的技术既可提高软件开发的效率，又可提高软件维护的效率。

5. 结果应能清楚地审查

软件产品不同于一般的物理产品，它是看不见摸不着的逻辑产品。软件开发人员（或开发小组）的工作进展情况可见性差，难以准确度量，从而使软件产品的开发过程比一般产品的开发过程更难评价和管理。为了提高软件开发过程的可见性，更好地进行管理，应该根据软件开发项目的总目标及完成期限，规定开发小组的责任和产品标准，从而使所得结果能够被清楚地审查。

6. 开发小组的人员应该少而精

这条基本原理的含义是，软件开发小组人员的素质要好，人数不宜过多。开发小组人员的素质和数量是影响软件产品质量和开发效率的重要因素。素质高的人员的开发效率比素质低的人员的开发效率可能高几倍至几十倍，而且素质高的人员所开发的软件中的错误明显少于素质低的人员所开发的软件中的错误。此外，随着开发小组人员数目的增加，交流情况、讨论问题而造成的通信开销也急剧增加。当开发小组人员数为 N 时，可能的通信路径有 $N(N-1)/2$ 条，可见随着人数 N 的增大，通信开销将急剧增加。因此，组成少而精的开发小组是软件工程的一条基本原理。

7. 承认不断改进软件工程实践的必要性

遵循上述六条基本原理，就能够按照当代软件工程基本原理实现软件的工程化生产，但是，仅有上述六条基本原理并不能保证软件开发与维护的过程能赶上时代前进的步伐，能跟上技术的不断进步。因此，玻姆提出应把承认不断改进软件工程实践的必要性作为软件工程的第七条基本原理。按照这条原理，不仅要积极主动地采纳新的软件技术，而且要注意不断总结经验。例如，收集进度和资源耗费数据，收集出错类型和问题报告数据等。这些数据不仅可以用来评价新的软件技术的效果，而且可以用来指明必须着重开发的软件工具和应该优先研究的技术。

1.3.4 软件工程的基本目标

软件工程除了让软件达到预期的功能外，其基本目标（图 1-2）包括：取得高可靠性和高性能；能按时交付；付出较低的开发成本；易于维护。从图 1-2 可知，如果一个软件开发达到了软件工程的基本目标，是可以尽可能减少软件危机的产生的。对于互斥关系的满足需要切实考虑用户的需求，如果用户需要开发高可靠性、高性能的软件，那么需要相应提高软件开发成本。

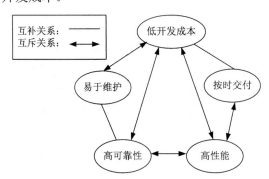

图 1-2　软件工程的基本目标

1.4　软件生命周期

当提供一项服务或制造一个产品，无论它是开发软件、写一份报告或是进行一次商务旅行，总需要按照一系列的步骤来完成一套任务。这些任务每次总是按同样的次序来执行。我们可以把一个有序任务集合看作是一个过程，一个用来产生某类想要的产品所涉及的活动、约束和资源的步骤序列。开发软件是一个过程，在该过程中软件具有生命周期，类似于生物体一样。软件生命周期（life cycle）是指一个软件从开始计划起到废弃不用结束。软件生命周期包括定义、开发、运行维护三个时期，每一时期又可分为若干更小的阶段。软件生命周期及其活动和文档如图 1-3 所示。

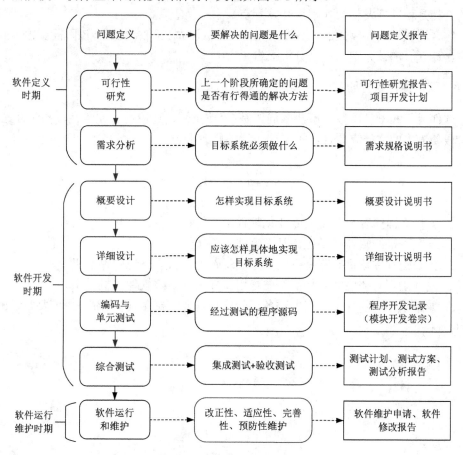

图 1-3 软件生命周期及其活动和文档

1.4.1 软件定义时期

问题定义阶段要解决的问题是："要解决的问题是什么？"该阶段要输出的文档是问题定义报告。

可行性研究阶段要解决的问题是："上一个阶段所确定的问题是否有行得通的解决方法？"该阶段要输出的文档有可行性研究报告、项目开发计划。

需求分析阶段要解决的问题是："目标系统必须做什么？"该阶段要输出的文档是需求规格说明书。

1.4.2 软件开发时期

概要设计阶段要解决的问题是："怎样实现目标系统？"该阶段要输出的文档是概

要设计说明书。

详细设计阶段要解决的问题是："应该怎样具体地实现目标系统？"该阶段要输出的文档是详细设计说明书。

编码与单元测试阶段要完成的任务是：得到"经过测试的程序源码"。该阶段要输出的文档是程序开发记录（模块开发卷宗）。

综合测试阶段要完成的任务是：完成"集成测试+验收测试"。该阶段要输出的文档有测试计划、测试方案、测试分析报告。

1.4.3 软件运行维护时期

软件运行和维护阶段要解决的问题是："改正性、适应性、完善性、预防性维护。"该阶段要输出的文档有软件维护申请、软件修改报告。

习　题

1. 为什么面向客户开发的专业化软件不仅仅包含所开发和交付的程序？
2. 一个合格的软件产品应该具有哪些重要属性？
3. 什么是软件危机？它有哪些典型表现？为什么会出现软件危机？
4. 软件工程有哪些本质特征？怎样用软件工程消除软件危机？
5. 如果让你给软件生命周期的各个阶段按重要性排序,哪个阶段最重要？说出你的理由。

第 2 章　软件方法学与过程模型

　　软件工程的具体研究对象实际上就是软件系统，包括方法、工具和过程三个要素。通常把在软件生命周期全过程中使用的一整套技术方法的集合称为方法学（methodology），也称为范型（paradigm），目前使用最广泛的软件方法学分别是传统方法学和面向对象方法学。软件过程是指为了获得高质量软件所需要完成的一系列任务的框架，它规定了完成各项任务的工作步骤，在该过程中需要采用相应的方法学实现软件开发。本书的第 3～11 章将基于过程模型，分别围绕这两种方法学分析软件开发过程。

2.1　软件方法学

2.1.1　传统方法学

　　传统方法学也称为生命周期方法学或结构化范型。该方法学把软件生命周期的全过程依次划分为若干个阶段，然后顺序地完成每个阶段的任务。从技术和管理两个方面对阶段开发成果进行检查，通过检查后该阶段才算结束，否则，必须进行必要的返工，再审查（审查的主要标准是每阶段必须提交高质量的文档资料）。前一个阶段任务的完成是开始进行后一个阶段工作的前提和基础，而后一个阶段任务的完成通常是使前一个阶段提出的解法更进一步具体化，加进了更多的实现细节。传统方法学采用结构化技术（结构化分析、结构化设计和结构化实现）来完成软件开发的各项任务，并使用适当的软件工具或软件工程环境来支持结构化技术的应用。传统方法学优点：软件生命周期划分成若干个阶段，每个阶段的任务相对独立，比较简单，便于不同人员分工协作，降低了软件开发的难度；在每个阶段采用科学的管理和良好的技术方法，每个阶段都从技术和管理两个方面进行严格审查，保证了软件的质量；提高了软件的可维护性和开发成功率。

2.1.2　面向对象方法学

　　面向对象方法的基本思想是从现实世界中客观存在的事物出发来构造软件系统，并在系统构造中尽可能运用人类的自然思维方式。面向对象方法学的出发点和基本原则是：尽可能模拟人类所习惯的思维方式，使开发软件的方法和过程尽可能接近人类认识世界、解决问题的方法和过程，即使描述问题的问题域与实现解法的求解域在结构上尽可能一致。面向对象方法学在概念和表示方法上的一致性，保证了在各项开发活动之间的平滑（无缝）过渡。用面向对象方法学开发软件的过程是主动地、多次反复迭代的演化过程。面向对象方法学的优点：符合人们通常的思维方式，可以提高软件的可理解性，具有重用性好（对象是相对独立的实体），可维护性好。

2.2 软件过程模型

由于软件开发的周期往往很长，难以跟踪软件开发的过程，因此需要建立相应的过程模型来分析软件开发过程。软件过程模型是软件开发全部过程、活动和任务的结构框架。它能直观表达软件开发全过程，明确规定要完成的主要活动、任务和开发策略。软件工程过程通常包括以下四种基本过程活动。

1）软件规格说明：规定软件的功能、性能及其运行限制。

2）软件开发：产生满足规格说明的软件，包括设计与编码等工作。

3）软件确认：确认软件能够满足客户提出的要求。

4）软件演进：为满足客户的变更要求，软件必须在使用的过程中演进，以求尽量延长软件的生命周期。

软件过程模型的选择基于项目和应用的性质、采用的方法工具以及需要的控制和交付的产品。几种典型的软件过程模型包括：传统方法学的瀑布模型、快速原型模型、增量模型和螺旋模型等；面向对象方法学的喷泉模型和 Rational 统一过程（rational unified process，RUP）等。

2.2.1 传统方法学的过程模型

1. 瀑布模型

瀑布模型是一个软件生命周期模型，由温斯顿·罗伊斯（Winston Royce）在 1970 年提出，直到 20 世纪 80 年代早期，它一直是被广泛采用的软件开发模型。该模型将软件开发过程表示为多个阶段，由于一个阶段与下一个阶段紧密衔接，如同瀑布流水，因此被称为瀑布模型。瀑布模型核心思想是按工序将问题化简，将功能的实现与设计分开，以便于分工协作，即采用结构化的分析与设计方法将逻辑实现与物理实现分开。

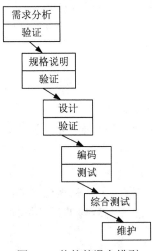

图 2-1 传统的瀑布模型

（1）传统的瀑布模型

传统的瀑布模型将软件生命周期划分为需求分析、规格说明、设计、编码、综合测试和维护六个基本活动，并且规定了基本活动自上而下、相互衔接的固定次序，如同瀑布流水，逐级下落，如图 2-1 所示。

1）传统的瀑布模型的特点。①阶段间具有顺序性和依赖性。每一阶段必须等前一阶段工作已经完成才能开始工作。前一阶段的输出文档作为后一阶段的输入文档，只有前一阶段的输出是正确的，后一阶段才能获得正确结果。②推迟实现的观点。接到软件开发任务后，首先要做的是设计系统的各个阶段，而没有经验的开发人员往往会基于编程实现。事实上，如果没有详细而正确的设计就进行编码，往往会事倍功半，因为设计阶段的工作没做好往往会导致大量返工，甚至会造成无法弥补的问题而不得已将项目重新进行设计实现。瀑布模型在进行编码前设置了系统分析和系统设计两个阶段，这两个阶段主要考虑逻辑设计，不考虑物理实现，将逻辑设计与物理实现彻底分开。只有逻辑设计彻底完成后才会进行编码，这从一定程度上推迟了程序的物理实现。③质量保证的观点。每个阶段都必须完成规定的文档，没有交出合格的文档就是没有完成该阶段的任务。合格的文档不仅仅体现了该阶段所需的工作，更是编码时所依赖的准则，因此完整、准确的合格文档就显得极为重要。每个阶段结束前都要对所完成的文档进行评审，以便尽早发现问题，改正错误。越早犯下的错误，暴露得越晚，修正所需要付出的代价也就越高，因此每个阶段结束前都要对所完成的文档进行评审，尽早发现错误，减少损失。

2）传统的瀑布模型存在的问题。①在设计阶段可能发生规格说明文档中的错误。②设计上的缺陷或错误可能在实现过程中显现出来。③在综合测试阶段将发现需求分析、设计或编码阶段的许多错误。

（2）实际的瀑布模型

传统的瀑布模型过于理想化，因为人不可能不犯错误，在工作时也一样。在需求分析和规格说明阶段出现的错误，在每一阶段的评审时能检查出来，但是设计阶段所产生的错误可能只有等编码实现或者上线应用后才会体现出来，因此需要引入实际的瀑布模型，实际的瀑布模型是带有反馈环的，如图 2-2 所示。当某一阶段发现错误或者缺陷时，需要回到上一阶段进行修正，修正完成后再返回这一阶段继续工作。图 2-2 中的实线箭头表示开发过程，虚线箭头表示维护过程。

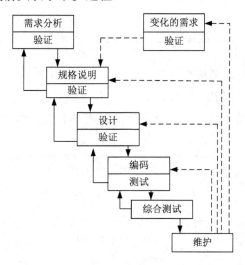

图 2-2　实际的瀑布模型

1）实际的瀑布模型的优点：可强迫开发人员采用规范的方法（如结构化技术）；严格地规定了每个阶段必须提交的文档；按阶段划分的检查点，要求每个阶段交出的所有产品都必须经过质量保证小组的仔细验证。实际的瀑布模型的成功在很大程度上是由于它基本上是一种文档驱动的模型，用于检查该阶段工作的正确性，也使软件日后的维护更容易。

2）实际的瀑布模型的缺点：各个阶段的划分完全固定，产生了大量文档，增加了工作量。由于实际的瀑布模型自上而下、相互衔接的固定次序，如同瀑布流水逐级下落的特点导致用户只有在开发末期才能见到成果，其间只能通过开发文档了解产品是什么样的。实际的瀑布模型几乎全部按照静态设计的文档进行产品的开发，而用户的需求经常会发生变化，并且用户的需求往往是不断变化后才趋于完善的，因此实际的瀑布模型并不能适应需求多变的用户。

3）实际的瀑布模型所带来的问题。①不适应需求经常发生变更的环境：在项目的开发过程中，变更可能会引起混乱。所以，有人形象地把采用线性顺序模型进行商业软件工程称为"在沙滩上盖楼房"。实际的瀑布模型适合用户需求明确、完整、无重大变化的软件项目开发。②线性顺序模型每一步的工作都必须以前一阶段的输出为输入，这种特征会导致工作中发生"阻塞"状态。③实际的瀑布模型是一种整体开发模型，程序的物理实现集中在开发阶段的后期，用户在最后才能看到自己的产品。在可运行的软件产品交付给用户之前，用户只能通过文档来了解产品是什么样的。由于实际的瀑布模型几乎完全依赖于书面的规格说明，很可能导致最终开发出的软件产品不能真正满足用户的需要。

4）实际的瀑布模型阶段之间的线性顺序特点有值得肯定之处。①它提供了一个模板，使需求分析、设计、编码、综合测试与维护工作可以在该模板的指导下有序地展开，避免了软件开发、维护过程中的随意状态。②对于需求确定、变更相对较少的项目，线性顺序模型仍然是一种可以考虑采取的过程模型。采用这种模型，曾经成功地进行过许多大型软件工程的开发。

课堂思考题

瀑布模型是文档驱动的模型，软件文档在软件开发中的作用有哪些？

答案：便于用户了解软件功能；提高软件开发的能见度；提高开发效率；作为开发人员阶段成果和结束标志；记录开发过程有关信息，便于后期维护；提供软件运行、培训方面的有关资料。

---

2. 快速原型模型

快速原型模型的提出可以较好地解决瀑布模型很难适应需求可变、模糊不定的软件系统开发的局限性。在软件开发初期，用户很难清楚且明确地表达自己的需求，因此产生了这种快速原型模型的开发思想。所谓快速原型模型，就是迅速构建一个可以运行的系统向用户展示该系统的一些关键特性，它具有最终产品的核心功能，然后基于核心功能，系统通过多次迭代改进，迅速构建出的系统称为原型。

开发者通过简单快速地分析用户需求，快速开发系统的一个版本或者部分系统，以检查用户的要求，通过在开发过程中不断与用户进行沟通，基于反馈，迭代地进行修正、弥补漏洞、细化用户的要求，最终提高软件质量。快速原型模型如图 2-3 所示。

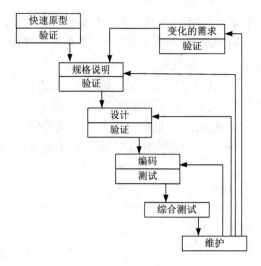

图 2-3 快速原型模型

快速原型模型的优点：能够克服瀑布模型的缺点，减少由于软件需求不明确带来的开发风险，这种模型更适合用户预先不能够确切定义需求的软件系统的开发。

快速原型模型的缺点：所选用的开发技术和工具不一定符合主流的发展；快速建立起来的系统结构加上连续的修改可能会导致产品质量低下；使用这个模型的前提是要有一个展示性的产品原型，因此在一定程度上可能会限制开发人员的创新。

快速原型模型的核心思想就是"快速"，快速地构建原型，通过不断与用户交互来获得用户的真正需求，一旦获得确切的需求，原型将被抛弃，因为原型的用途是获知用户真正的需求。

3. 增量模型

增量模型的基本思想是：首先开发一个初始的实现版本，然后提交给目标用户和相关人员使用，从用户和相关人员那里获得反馈，并通过多个版本的迭代更新来开发软件，直到开发出所需的系统，如图 2-4 所示。

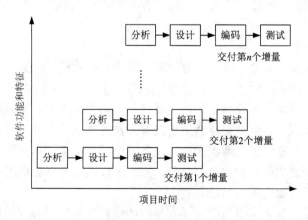

图 2-4 增量模型

增量模型反映了人们解决问题的方式，往往不能在一开始就能找到一个完整的问题解决方案，而是通过一系列步骤逐渐走向解决方案。在软件开发过程中，通过增量式开发软件，软件的维护成本更低，并且更容易维护。

目前，增量模型是开发应用程序系统和软件产品最常见的方法。这种方法可以是计划驱动的、敏捷的，或者是这些方法的混合物。计划驱动方法会提前确定系统增量；敏捷开发则会确定早期增量，但后期增量的开发取决于进度和客户优先级。增量是敏捷开发的一个基本部分，对于在开发过程中需求可能发生变化的系统，它比瀑布式方法更好。

系统的每个增量或版本都包含了客户所需要的一些功能。通常，系统的早期增量包括最重要或最迫切需要的功能，这意味着客户或用户可以在开发的相对早期阶段对系统进行评估，看看它是否提供了所需的内容，如果未达到要求，则只需要更改当前增量，并且可能为以后的增量定义新功能。例如，采用增量模型开发一个文字处理软件，在第一个增量中提供最基础的功能，如基本的文件管理、编辑和文档生成功能；在第二个增量中提供更加完善的编辑和文档生成功能；在第三个增量中提供拼写和语法检查等功能。

与瀑布模型相比，增量模型有三个主要优势：①实现需求变更的成本降低了，必须重做的分析和文档的数量明显少于瀑布模型所需的数量；②更容易获得客户对已经完成的开发工作的反馈，客户可以评论该软件的演示文稿，看到系统已经实现了多少内容，否则，客户很难从软件设计文档中判断工作进度；③即使没有包含所有的功能，也可以提前向客户早期交付和部署有用的软件，客户能够比使用瀑布模型更早地使用并从该软件中获得价值。

增量模型存在的问题：从管理的角度来看，增量式的方法会导致系统结构问题；系统结构往往会随着新的增量的增加而退化；随着以任何可能的方式添加新的功能，定期的更改会导致混乱的代码；向系统中添加新功能变得越来越困难和昂贵。为了减少结构退化和一般的代码混乱，敏捷开发建议应该定期重构（改进和重组）软件。由于不同的团队开发系统的不同部分，增量开发存在的问题对于大型、复杂、长寿命的系统变得特别严重，因为大型系统需要一个稳定的框架或体系结构，而处理系统某些部分的不同团队的职责需要根据该体系结构进行明确的定义。因此，增量开发必须提前计划，而不是逐步处理。

4. 螺旋模型

完整的螺旋模型如图 2-5 所示。对于高风险的大型软件，螺旋模型是一个理想的开发方法。由于软件随着过程的推进而变化，在每一个演进层次上，开发者和客户都可以更好地理解和应对风险。该模型是风险驱动模型，需要相当丰富的风险评估经验和专门知识，否则风险更大。该模型主要适用于内部开发的大规模软件项目，随着过程的进展演化，开发者和客户能够更好地识别和对待每一个演化级别上的风险，而只有内部开发的项目才能在风险过大时方便中止。此外，如果进行风险分析的费用接近整个项目的经费预算，则作风险分析是不可行的。

需要注意的是：螺旋模型里面有瀑布模型的线性化思想的体现，也就是软件的开发不是采用面向对象的迭代思想开发，而是采用线性化思想开发的，具有瀑布模型各种活动的阶段性和顺序性的特点。

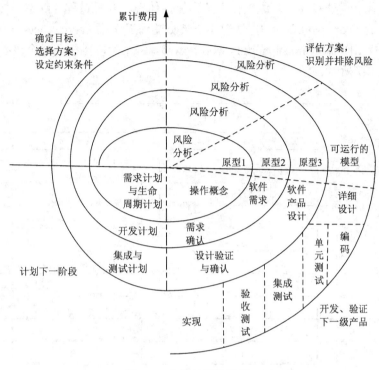

图 2-5　完整的螺旋模型

2.2.2　面向对象方法学的过程模型

1. 喷泉模型

喷泉模型如图 2-6 所示。喷泉模型的特点为：各阶段均采用了"对象"这一统一范式，整个过程看起来像喷泉从喷出到落下到再喷出的周而复始过程产生的光滑水柱，体现了软件创建所固有的迭代和无间隙的特征。喷泉模型主要用于面向对象的软件项目，软件的某个部分通常被重复多次，相关对象在每次迭代中随之加入渐进的软件成分。

喷泉模型中的分析一般为面向对象方法学的工作重心。不同椭圆之间的重叠部分表示两个活动间存在重叠，比如分析和设计之间的重叠表示分析得深入些就变成了设计、设计得浅显些就变成了分析；若重叠部分的工作界限不明显，可以归于分析，也可以归于设计。椭圆内的向下箭头表示该阶段活动的迭代。从底向上的箭头线表示椭圆所示的活动是迭代式开发的。

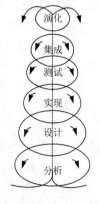

2. RUP

RUP 软件开发生命周期是一个二维的软件开发模型。横轴代表

图 2-6　喷泉模型

阶段，体现生命周期特征；RUP 中的软件生命周期在时间上被分解为四个顺序的阶段，即初始、精化、构建和移交。纵轴代表工作流，体现了开发过程的静态结构；RUP 有 9 个核心工作流（core workflows），分为 6 个核心过程工作流（core process workflows）和 3 个核心支持工作流（core supporting workflows）。每个阶段围绕着 9 个核心工作流分别迭代，如图 2-7 所示。

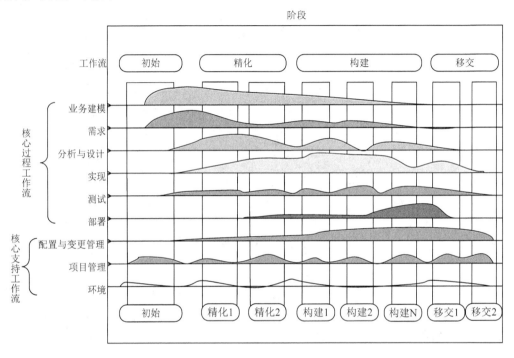

图 2-7　RUP 软件开发生命周期

RUP 的 9 个核心工作流并不总是需要的，可以取舍。尽管 6 个核心过程工作流可能使人想起传统的瀑布模型中的几个阶段，但应注意迭代过程中的阶段是完全不同的，这些工作流在整个生命周期中一次又一次被访问。9 个核心工作流在项目中轮流被使用，在每一次迭代中以不同的重点和强度重复。不同阶段工作流的侧重点不同，如在初始阶段和精化阶段，大部分工作集中在业务建模、需求、分析与设计上；在构建阶段，工作重点转移到分析与设计、实现和测试上。分析如下：

初始阶段：进行问题定义、确定目标、评估其可行性、降低关键风险。

精化阶段：制订项目计划、配置各类资源、建立系统架构（包括各类视图）。

构建阶段：开发整个产品，并确保产品可移交给用户。

移交阶段：产品发布、安装、用户培训。

每个阶段结束的里程碑处，管理层做出是否继续、加快进度、增加预算、给下一阶段提供资助等决定。确定阶段间演进要以风险控制为原则，决定每个阶段要哪些工作流，每个工作流执行到什么程度，制品有哪些，每个制品完成到什么程度。

目前，全球已有上千家软件公司在使用 RUP，可开发或大或小、分布在各个领域的项目，表明了 RUP 的多功能性和广泛适应性。

2.2.3 其他过程模型

1. 敏捷软件开发

敏捷软件开发（agile software development），又称敏捷开发，以用户的需求进化为核心，采用迭代、循序渐进的方法进行软件开发。敏捷开发是一种从 20 世纪 90 年代开始逐渐引起广泛关注的新型软件开发方法，是一种能应对快速变化需求的软件开发方法。

（1）极限编程

极限编程是敏捷开发中最著名的一个方法，它是由一系列简单却互相依赖的实践组成。这些实践结合在一起形成了一个胜于部分结合的整体。肯特·贝克（Kent Beck）在 20 世纪 90 年代初期与沃德·坎宁安（Ward Cunningham）共事时，就一直共同探索着新的软件开发方法，希望能使软件开发更加简单有效。贝克仔细观察和分析了各种简化软件开发的前提条件、可能性以及面临的困难。1996 年 3 月，贝克终于在一个项目中引入了新的软件开发观念——极限编程。极限编程是一个轻量级的、灵巧的软件开发方法，同时它也是一个非常严谨和周密的方法。它是一种近螺旋式的开发方法，将复杂的开发过程分解为一个个相对比较简单的小周期，通过积极的交流、反馈以及其他一系列的方法，开发人员和客户可以非常清楚开发进度、变化、待解决的问题和潜在的困难等，并根据实际情况及时地调整开发过程。极限编程方法开发系统的一个增量过程如图 2-8 所示。

图 2-8 极限编程方法开发系统的一个增量过程

在实践中，按照最初的设想应用极限编程已经被证明比所预期的要更困难。极限编程无法与大多数企业的管理实践和文化顺利集成。因此，采用敏捷开发的企业会选取一些最适合他们工作方式的极限编程实践。

（2）敏捷过程

敏捷开发允许开发团队关注软件本身而不是它的设计和文档化，他们最适用于应用开发，其中系统需求通常会在开发过程中快速变化。为了使软件开发团队具有高效工作和快速响应变化的能力，17 位著名的软件专家于 2001 年 2 月联合起草了敏捷软件开发宣言。敏捷软件开发宣言由以下四个简单的价值观声明组成：

1）个体和交互胜过过程和工具。优秀的团队成员是软件开发项目获得成功的最重要因素。团队成员的合作、沟通以及交互能力要比单纯的软件编程能力更重要。

2）可以工作的软件胜过面面俱到的文档。软件开发的主要目标是向用户提供可以工作的软件而不是文档。但是，完全没有文档的软件也是一种灾难。开发人员应该把主要精力放在创建可工作的软件上面，仅当迫切需要并且具有重大意义时，才进行文档编写工作，而且所编写的内部文档应该尽量简明扼要、主题突出。

3）客户合作胜过合同谈判。客户通常不可能做到一次性地把他们的需求完整准确地表述在合同中。因此，能指导开发团队与客户协同工作的合同才是最好的合同。

4）响应变化胜过遵循计划。软件开发过程中总会有变化，这是客观存在的现实。一个软件过程必须反映现实，因此，软件过程应该有足够的能力及时响应变化。然而没有计划的项目也会因陷入混乱而失败，关键是计划必须有足够的灵活性和可塑性，在形势发生变化时能迅速调整，以适应业务和技术等方面发生的变化。

敏捷开发已经在很多领域取得了成功，特别是在以下两类系统的开发中：

1）软件企业所开发的用于市场销售的中小规模产品。事实上，几乎所有的软件产品和应用程序现在都在使用敏捷开发。

2）组织内的定制化系统开发。其中，客户承诺可以参与开发过程，并且影响软件开发的外部利益相关者和法规不多。

（3）敏捷开发模型

在敏捷开发中，软件项目在构建初期被切分成多个子项目，各个子项目的成果都经过测试，具备可视、可集成和可运行使用的特征。换言之，就是把一个大项目分为多个相互联系但又可独立运行的小项目，并分别完成它们，在此过程中软件一直处于可使用状态。敏捷开发模型如图 2-9 所示。

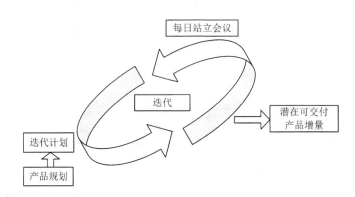

图 2-9　敏捷开发模型

敏捷开发模型的优点：敏捷开发的高适应性，体现了以人为本的特性；更加灵活且充分地利用了每个开发者的优势，调动了每个人的工作热情。

敏捷开发模型的缺点：由于其项目周期很长，很难保证开发人员不更换，而没有文档就会造成在交接过程中出现很大的困难。因此在项目的开发中，要综合考虑各种因素，选择合适的开发模型，这样不仅能够节省开发时间，提升开发效率，而且还会让客户得到想要的产品。

2．微软过程

微软通常采用"同步-稳定产品开发法"，包括如下三个阶段。

计划阶段：完成功能的说明和进度表的最后制定。

开发阶段：写出完整的源代码。

稳定化阶段：完成产品，使之能够批量生产。

这三个阶段以及阶段间内在的循环方法与传统的瀑布模型很不相同，后者是由需求分析、设计、模块化的代码编写与综合测试等组成的，而微软的三个阶段更像是风险驱动的、渐进的螺旋模型。

在开发阶段和稳定化阶段的所有时间中，一个项目通常会将 2/3 的时间用于开发，1/3 的时间用于稳定化。这种里程碑式的工作过程使微软经理们可以清楚地了解产品开发过程进行到了哪一步，也使他们在开发阶段的后期有能力灵活地删去一些产品特性以满足进度要求。

通过对过程模型的分析，需要注意的是：传统方法学的过程模型的优秀思想是可以在面向对象方法学中继承使用的，比如快速原型模型，面向对象方法学也可以用快速原型模型比较全面地获取用户的需求。但是反之是不可以的，因为面向对象方法学的迭代式的软件开发是不符合传统方法学的线性化开发的要求的。

课堂思考题

假设你被任命为一家软件公司的项目负责人，你的工作是管理该公司已被广泛应用的字处理软件的新版本开发。由于市场竞争激烈，公司规定了严格的完成期限并且已对外公布。你打算采用哪种软件生命周期模型？为什么？

答案：对这个项目的一个重要要求是严格按照已对外公布的日期完成产品开发工作，因此，选择生命周期模型时，应该着重考虑哪种模型有助于加快产品开发的进度。通过本章学习可知，使用增量模型能完成开发工作并能加快开发进度。

该项目是开发该公司已被广泛应用的字处理软件的新版本，从上述事实至少可以得出三点结论：第一，旧版本相当于一个原型，通过收集用户对旧版本的反馈，较容易确定对新版本的需求，没必要再专门建立一个原型系统来分析用户的需求；第二，该公司的软件工程师对字处理软件很熟悉，有开发字处理软件的丰富经验，具有采用增量模型开发新版字处理软件所需要的技术水平；第三，该软件受到广大用户的喜爱，今后很可能还要开发更新的版本，因此，应该把该软件的体系结构设计成开放式的，以利于今后的改进和扩充。

习　题

1. 针对以下系统，请推荐最合适的软件过程模型用来管理开发该系统，并给出你推荐的理由。

1）一个汽车中的防抱死刹车控制系统。

2）一个准备替换现有系统的大学教务系统。

3）一个地图软件，为用户导航和规划路线。

4）一个电商购物网站。

2. 增量模型为什么是开发业务软件系统的最有效的方法？为什么它不太适合实时系统工程？

3. 请列举一个可以采用快速原型模型开发的软件项目。

4. 请列举一个可以采用瀑布模型开发的软件项目。

5. 请列举一个可以采用增量模型开发的软件项目。

6. 可以合用几种过程模型吗？如果可以，请举例。

7. 为什么说喷泉模型较好地体现了面向对象方法学软件开发过程无缝和迭代的特性？

第3章 可行性研究与需求分析

可行性研究包括技术、经济、操作等可行性研究。可行性研究需要进行成本/效益分析，从而从经济角度判断是否需要继续投资。

需求分析是发现、求精、建模、规格说明和复审的过程。需求分析的根本任务是确定用户对软件系统的需求。需求分析是项目开发的基础，是为了确定软件系统做什么，具有什么功能、性能，有什么约束条件等的。把这些问题搞清楚后，要用某种无二义性的描述形成需求规格说明书。

3.1 可行性研究

3.1.1 可行性研究的任务

可行性研究的主要任务是了解客户的要求及现实环境，从技术、经济和社会因素等三个方面研究并论证该软件项目的可行性，编写可行性研究报告，制订初步项目开发计划。

可行性研究是系统在正式立项之前必须进行的一项工作，它的目的不是分析软件开发过程中的问题，也不是解决软件开发过程中可能存在的问题，而是用最小的代价在尽可能短的时间内确定问题是否能够解决。通常的做法是，分析几种主要的可能解法的利弊，判断原定的系统规模和目标是否现实，系统完成后所能带来的效益是否大到值得投资开发这个系统。详细步骤如下。

首先，深入分析和澄清问题定义。在问题定义阶段初步确定的规模和目标，如果是正确的就进一步加以肯定，如果有错误就及时改正，如果对目标系统有任何约束和限制也必须把它们清楚地列举出来。

其次，在澄清了问题定义之后，分析员应该导出系统的逻辑模型，然后从系统逻辑模型出发，探索若干种可供选择的主要解法（系统实现方案）并仔细研究每种解法的可行性。具体而言，在可行性研究阶段，要确定软件的开发目标与总的要求，所以在做可行性研究的时候，一般需要考虑技术、经济、操作等是否可行。

1. 技术可行性

度量一个特定技术信息系统解决方案的实用性及技术资源的可用性。应该考虑的问题包括以下四点。

1）利用现有的技术，该系统的功能能否实现。软件开发涉及多方面的技术，包括开发方法、软硬件平台、网络结构、系统布局和结构、输入输出技术、系统相关技术等。应该全面和客观地分析软件开发所涉及的技术，以及这些技术的成熟度和现实性，以确定该系统的功能在目前的技术水平下能否实现。

2）对开发人员的数量和质量的要求并说明这些要求能否满足。开发该系统所需开发人员的数量最佳为多少，这些开发人员应该分别需要掌握哪些技术。例如，分布对象技术是分布式系统的一种通用技术，但是如果在开发队伍中没有人掌握这种技术，那么该系统从技术可行性来看就是不可行的。

3）在当前的限制条件下，该系统的功能目标能否达到。在多方面的技术、开发人员数量和开发人员掌握技能等限制条件下，该系统的功能目标能否达到要求。

4）在规定的期限内，该系统的开发能否完成。

2．经济可行性

度量系统解决方案的性能价格比。应该考虑的主要问题是成本（包括开发、运行、维护）。

1）有形成本（看得见，摸得着，可量化）。基本建设投资：开发环境、设备、软件和资料等；其他一次性和非一次性投资：技术管理费、培训费、管理费、人员工资、奖金和差旅费等。

2）无形成本（难以用市场价格直接表现的成本）。例如，对企业声誉的负面影响，对企业职工凝聚力的负面影响等。

3．操作可行性

系统的操作方式在这个用户组织内是否行得通。

除了上面的技术、经济、操作可行性外，必要时还应该从法律、社会效益等更广泛的方面研究每种解法的可行性。

可行性研究的最根本任务是对软件开发以后的行动方针提出建议。若问题没有可行解，分析员就应该建议停止这项开发工程，以避免时间、资源、人力和金钱的浪费；若问题有可行解，分析员应该推荐一个较好的解决方案，并为工程制订一个初步的计划。

3.1.2 可行性研究过程

典型的可行性研究过程有下述一些步骤。

（1）复查系统规模和目标

分析员应该对问题定义阶段编写的关于规模和目标的报告书进行复查确认，对于目标系统的一切限制和约束都应该清晰地描述，如有不确切的叙述应该进行改正。

（2）研究目前正在使用的系统

现有的系统是信息的重要来源。如果一个系统正在被人使用，一方面，这个系统一定能够完成某些有用的工作，因此新的目标系统也必须能完成现有系统的基本功能；另一方面，现有的系统必然存在某些缺点，新系统必须能够解决旧系统中存在的问题。此外，还需要注意的是，没有一个系统是在"真空"中运行的，绝大多数系统都和其他系统有联系。应该注意了解并记录现有系统和其他系统之间的接口情况，这是设计新系统时的重要约束条件。

（3）导出新系统的高层逻辑模型

优秀的设计过程通常是从现有的物理系统出发，先导出现有系统的逻辑模型用做参考，然后设想新系统的逻辑模型，最后根据新系统的逻辑模型建造新的物理系统。

（4）进一步定义问题

新系统的逻辑模型实质上表达了分析员对新系统必须做什么的看法，但是无法确定用户是否也有同样的看法，因此分析员应该和用户一起再次复查问题定义、工程规模和目标，这次复查应该把数据流图和数据字典作为讨论的基础。如果分析员对问题有误解或者用户曾经遗漏了某些要求，那么现在是发现和改正这些错误的最佳时机。可行性研究的前四个步骤实质上构成了一个循环。分析员定义问题，分析这个问题，导出一个试探性的解；在此基础上再次定义问题，再一次分析这个问题，修改这个解；继续这个循环过程，直到提出的逻辑模型完全符合系统目标。

（5）导出和评价供选择的解法

分析员应该从其建议的系统逻辑模型出发，导出若干个较高层次的（较抽象的）物理解法供比较和选择。导出供选择解法的最简单的途径，是从技术角度出发考虑解决问题的不同方案。

（6）推荐行动方针

根据可行性研究结果应该决定的一个关键性问题是：是否继续进行这项开发工程？分析员必须清楚地表明其对这个关键性决定的建议。如果分析员认为值得继续进行这项开发工程，那么就选择一种最好的解法，并且说明选择该解法的理由。客户通常根据经济上是否划算决定是否投资一项开发工程，因此分析员对于所推荐的系统必须进行比较仔细的成本/效益分析。

（7）草拟开发计划

分析员应该为所推荐的方案草拟一份开发计划，除了制订工程进度表外，还应该估计对各类开发人员（如系统分析员、程序员）和各种资源（如计算机硬件、软件工具等）的需要情况，应该指明什么时候使用以及使用多长时间。此外，还应该估计系统生命周期每个阶段的成本。最后应该给出下一个阶段（需求分析）的详细进度表和成本估计。

（8）书写文档提交审查

应该把上述可行性研究各个步骤的工作结果写成清晰的文档，请用户、客户组织的负责人及评审组审查，以决定是否继续这项工程及是否接受分析员推荐的方案。

3.1.3　系统流程图

在进行可行性研究时需要了解和分析现有的系统，并以概括的形式表达对现有系统的认识。进入设计阶段以后应该把设想的新系统的逻辑模型转变成物理模型，因此需要描绘未来的物理系统的概貌。

系统流程图是概括地描绘物理系统的传统工具。它的基本思想是用图形符号以黑盒子形式描绘组成系统的每个部件（程序、文档、数据库、人工过程等）。系统流程图表达的是数据在系统各部件之间流动的情况，而不是对数据进行加工处理的控制过程，因此尽管系统流程图的某些符号和程序流程图的符号形式相同，但是它却是物理数据流程图而不是程序流程图。

当以概括的方式抽象地描绘一个实际系统时，仅使用表 3-1 中列出的基本符号就足够了。当需要更具体地描绘一个物理系统时还需要使用表 3-2 中列出的系统符号，利用这些符号可以把一个广义的输入输出操作具体化为读写存储在特殊设备上的文件（或数据库），把抽象处理具体化为特定的程序或手工操作等。

表 3-1 基本符号

符号	名称	说明
	处理	能改变数据值或数据位置的加工或部件，如程序、处理机、人工加工等都是处理
	输入输出	表示输入或输出（或既输入又输出），是一个广义的不指明具体设备的符号
	连接	指出转到图的另一部分或从图的另一部分转来，通常在同一页上
	换页连接	指出转到另一页图上或由另一页图转来
	数据流	用来连接其他符号，指明数据流动方向

表 3-2 系统符号

符号	名称	说明
	穿孔卡片	表示用穿孔卡片输入或输出，也可表示一个穿孔卡片文件
	文档	通常表示打印输出，也可表示用打印终端输入数据
	磁带	磁带输入输出，或表示一个磁带文件
	联机存储	表示任何种类的联机存储，包括磁盘、磁鼓、软盘和海量存储器件等
	磁盘	磁盘输入输出，也可表示存储在磁盘上的文件或数据库
	磁鼓	磁鼓输入输出，也可表示存储在磁鼓上的文件或数据库
	人工输入	人工输入数据的脱机处理，如填写表格
	人工操作	人工完成的处理，如会计在工资支票上签名
	辅助操作	指出转到图的另一部分或从图的另一部分转来，通常在同一页上
	通信链路	通过远程通信线路或链路传送数据
	显示	CRT 终端或类似的显示部件，可用于输入或输出，也可既输入又输出

【例 3-1】假设一家商店需要开发一个商品销售派单系统，销售部的销售员每天需要产生商品派单报表给物流部的派送员，该报表按派送时间排序，列出所有需要派送的商品。每个需要派送的商品列出：运单号、订单号、销售员工号、派送员工号、运费、收

货人手机号、收货地址、收货时间、订货数量。当某顾客购买的某商品库存量大于该商品的订货数量时就派送该商品。派送员通过该系统能打印商品派单报表。

系统流程图的习惯画法是使信息在图中从顶向下或从左向右流动。图 3-1 中每个符号用黑盒子形式定义了组成系统的一个部件（然而并没有指明每个部件的具体工作过程），图中的箭头确定了信息通过系统的逻辑路径。

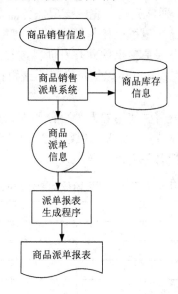

图 3-1　商品销售派单系统的系统流程图

3.1.4　成本/效益分析

人们进行投资的目的是在将来获得更大收益。开发软件也是一种投资，也是期望获得更大的经济效益。经济效益通常表现为减少运行费用或（和）增加收入。但是，投资开发新系统往往要冒一定的风险，系统的开发成本可能比预计的高，效益可能比预期的低，这时候就需要进行成本/效益分析了。成本/效益分析的目的正是要从经济角度分析开发一个特定的新系统是否划算，从而帮助客户组织的负责人正确地做出是否投资这项开发工程的决定。

在进行成本/效益分析时，首先是估计开发成本、运行费用和新系统将带来的经济效益，然后从经济角度判断这个系统是否值得投资。

1. 软件开发成本估算

软件开发成本主要表现为人力消耗（乘以平均工资则得到开发费用）。成本估计不是精确的科学，因此应该使用几种不同的估计技术以便相互校验。以下介绍三种软件开发成本估算技术。

（1）代码行技术

代码行技术把开发每个软件功能的成本和实现这个功能需要用的源代码行数联系起来。通常根据经验和历史数据估计实现一个功能需要的源代码行数。

估计出源代码行数以后，用每行代码的平均成本乘以行数就可以确定软件的成本。每行代码的平均成本主要取决于软件的复杂程度和工资水平。

（2）任务分解技术

首先把软件开发工程分解为若干个相对独立的任务，再分别估计每个单独任务的开发成本，最后累加起来得出软件开发工程的总成本。

估计每个任务的成本时，通常先估计完成该项任务需要用的人力（以人月为单位），再乘以每人每月的平均工资而得出每个任务的成本。

任务分解技术最常用的办法是整个软件开发项目按开发阶段划分任务。如果软件系统很复杂，由若干个子系统组成，则可以把每个子系统再按开发阶段进一步划分成更小的任务。

典型环境下各个开发阶段需要使用的人力百分比大致如表 3-3 所示。实际应用时，应该针对每个开发项目的具体特点，并参照以往的经验尽可能准确地估计每个阶段实际需要使用的人力，注意，包括书写文档需要的人力。

表 3-3　典型环境下各个开发阶段需要使用的人力百分比

任务	人力占比/%
可行性研究	5
需求分析	10
设计	25
编码与单元测试	20
综合测试	40
总计	100

（3）自动估计成本技术

采用自动估计成本的软件工具可以减轻人的劳动，并且使估计的结果更客观。但是，采用这种技术必须有长期搜集的大量历史数据作为基础，并且需要有良好的数据库系统支持。

2. 运行费用估算

运行费用取决于系统的操作费用（操作员人数、工作时间、消耗的物资等）和维护费用。系统的经济效益等于因使用新系统而增加的收入加上使用新系统可以节省的运行费用。因为运行费用和收入两者在软件的整个生命周期内都存在，总的经济效益和生命周期的长度有关，所以应该合理地估计软件的寿命。

3. 成本/效益分析的方法

（1）货币的时间价值

通常用利率的形式表示货币的时间价值。假设年利率为 i，如果现在存入 P 元，则 n 年后可以得到的钱数为

$$F = P(1+i)^n \tag{3-1}$$

式中，F 为 P 元在 n 年后的价值。

反之，如果 n 年后能收入 F 元，则 F 元的现在价值为

$$P = F/(1+i)^n \tag{3-2}$$

【例 3-2】某个商店希望修改一个已有的商品销售派单系统并编写产生商品派单报表的程序，估计共需 5000 元；系统修改后能够提高商品派单效率，由此每年的收入可以增加 2500 元，5 年共可增加 12500 元。但是，不能简单地把 5000 元和 12500 元相比较，因为前者是现在投资的钱，后者是若干年以后收入增加的钱。

假定年利率为 12%，利用式（3-2）可以算出修改商品销售派单系统后每年预计收入增加的钱的现在价值，如表 3-4 所示。

表 3-4　将来的收入折算成现在值

年数	将来值/元	$(1+i)^n$	现在值/元	累计的现在值/元
1	2500	$(1+12\%)^1$	2232.14	2232.14
2	2500	$(1+12\%)^2$	1992.98	4225.12
3	2500	$(1+12\%)^3$	1779.45	6004.57
4	2500	$(1+12\%)^4$	1588.80	7593.37
5	2500	$(1+12\%)^5$	1418.57	9011.94

（2）投资回收期

投资回收期就是使累计的经济效益等于最初投资所需要的时间。显然，投资回收期越短就能越快获得利润，这项工程也就越值得投资。投资回收期仅仅是一项经济指标，为了衡量一项开发工程的价值，还应考虑其他经济指标。

（3）纯收入

某项工程的纯收入就是在整个生命周期之内系统的累计经济效益（折合成现在值）与投资之差。这相当于比较投资开发一个软件系统和把钱存在银行中（或贷给其他企业）这两种方案的优劣。如果纯收入为零，则工程的预期效益和在银行存款一样，但是开发一个系统要冒风险，因此从经济观点看这项工程可能是不值得投资的。如果纯收入小于零，那么这项工程显然不值得投资。例如，例 3-2 中商品销售派单系统的修改工程带来的纯收入预计是

$$9011.94-5000=4011.94（元）$$

（4）投资回收率

把资金存入银行或贷给其他企业能够获得利息，通常用年利率衡量利息多少。类似地也可以计算投资回收率，用它衡量投资效益的大小，并且可以把它和年利率相比较，在衡量工程的经济效益时，它是最重要的参考数据。

已知现在的投资额，并且已经估计出将来每年可以获得的经济效益，在给定软件的使用寿命之后，就可以计算投资回收率。假如把数量等于投资额的资金存入银行，每年年底从银行取回的钱等于系统每年预期可以获得的效益，在时间等于系统寿命时，正好把在银行中的存款全部取光，可以据此算出年利率。这个假想的年利率就等于投资回收率。根据上述条件可以列出下面的方程式：

$$P = F_1/(1+j)^1 + F_2/(1+j)^2 + \cdots + F_n/(1+j)^n \qquad (3\text{-}3)$$

式中，P 是现在的投资额；F_i 是第 i 年年底的效益，$i \in [1, n]$，其中，n 是系统的使用寿命；j 是投资回收率。解出该高阶代数方程即可求出投资回收率。

假设系统寿命 $n=5$，例 3-2 中商品销售派单系统的修改工程的投资回收率是 41%～42%。

3.2 需 求 分 析

3.2.1 需求分析概述

1. 需求分析的概念

需求分析，也叫软件需求分析、系统需求分析或需求分析工程等，是开发人员经过深入细致的调研和分析，准确理解用户和项目的功能、性能、可靠性等具体要求，将用户非形式化的需求表述转化为完整的需求定义，从而确定系统功能的过程。

需求分析是在可行性研究的基础上进行的更细致的分析工作，是软件定义时期的最后一个阶段对软件目标及范围的求精和细化。通过调查研究和分析，充分了解用户对软件系统的要求，把用户要求表达出来，解决"软件系统必须做什么"的问题。软件需求的深入理解是软件开发工作获得成功的前提条件，不论软件开发者把设计和编码做得如何出色，不能真正满足用户需求的程序只会令用户失望。

2. 需求分析的任务

需求分析的基本任务不是确定系统怎样完成它的工作，而是确定系统必须完成哪些工作，也就是对目标系统提出完整、准确、清晰、具体的要求。在需求分析结束之前，由系统分析员写出需求规格说明书，以书面形式准确地描述软件需求，即准确地回答"系统必须做什么"的问题。在可行性研究阶段，要解决问题定义阶段所确定的问题是否有行得通的解决方法，然后描述整体的功能；需求分析的主要任务就是更详细地定义系统应该完成的每一个逻辑功能。

1) 确定对系统的综合需求。

功能需求：是指所开发软件系统必须提供的服务。通过需求分析应划分出系统必须完成的所有功能，这是最重要的。

性能需求：系统必须满足的定时约束或容量约束，是指所开发的软件的技术性能指标（通常包括存储容量、运行时间等限制）。

环境需求：是指软件运行时所需要的软硬件（如机型、外设、操作系统和数据库管理系统）的要求。

可靠性和可用性需求：量化了用户可以使用系统的程度。

出错处理需求：说明系统对环境错误应该怎样响应。

接口需求：接口需求描述应用系统与它的环境通信的格式。常见的接口需求有用户接口需求、软件接口需求、硬件接口需求和通信接口需求。

用户界面需求：指人机交互方式，输入输出数据格式等。

约束：描述在设计或实现应用系统时应遵守的限制条件（精度、工具和语言约束、设计约束、应该使用的标准、应该使用的硬件平台）。

逆向需求：说明系统不应该做什么。

将来可能提出的需求：明确列出那些虽然不属于当前系统开发范畴，但是据分析将来很可能会提出来的需求。

2）分析系统的数据需求，建立数据模型。分析系统的数据需求也是软件需求分析的一个重要任务，因为绝大多数软件系统本质上都是信息处理系统，系统必须处理的信息和系统应该产生的信息在很大程度上决定了系统的面貌，对软件设计有很大的影响。分析系统的数据需求通常用建立数据模型的方法（如实体联系图等）。对于一些复杂的数据结构常常利用图形工具辅助描绘。常用的图形工具有层次方框图和 Warnier 图等。

3）导出系统的逻辑模型。分析员综合上述两项获取的需求结果，进行一致性的分析检查，以确定系统的构成及主要成分，并用图文结合的形式，建立起新系统的逻辑模型。通常用数据流图、数据字典及处理算法等来描述目标系统的逻辑模型。

4）编写软件需求规格说明书。需求规格说明书的作用是使用户和开发者能对未来软件有共同的理解，明确定义未来软件的需求、系统的构成及有关的接口。需求规格说明书相当于用户和开发者之间的一份技术合同，是测试验收阶段对软件进行确认和验收的基准，是软件开发的基础。因此需求规格说明书应该具有这样几个特征：准确性和一致性；清晰性和唯一性；完整性和可检验性；运行维护阶段的可利用性；直观、易读和可修改性。为此应尽量在需求规格说明书中采用标准的图形、表格和简单的符号来表示，尽量不用用户不易理解的专门术语，使不熟悉计算机的用户也能一目了然。

5）需求分析评审。评审的目的是发现需求分析的错误和缺陷，然后修改开发计划。因此，评审是对软件需求定义、软件功能及其接口进行全面仔细的审查，以确认需求规格说明书是否正确，使其作为软件设计和实现的基础。

6）修正系统开发计划。在分析过程中获得对系统的更深入更具体的了解，可以比较准确地估计系统的成本和进度，修正以前制订的开发计划。

3. 需求分析的目标和参与人员

需求分析的目标是把用户对开发软件提出的要求或需要进行分析与整理，确认后形成描述完整、清晰与规范的文档，确定软件需要实现的功能、完成的工作。此外，软件的一些非功能性需求、软件设计的约束条件、运行时与其他软件的关系等也是软件需求分析的目标。具体来说，需求分析的目标包括如下三点。

1）厘清数据流或数据结构。

2）通过标识接口细节，深入描述功能，确定设计约束和软件有效性要求。

3）构造一个完全、精致的目标系统逻辑模型。

需求分析的参与人员如图 3-2 所示。

在分析软件需求和书写软件需求规格说明书的过程中，分析人员和用户都起着关键的、必不可少的作用，管理人员如项目经理在需求分析的过程中起着重要的作用。例如，当确定了一个新需求时，项目经理要为该需求建立变更请求，提交给变更控制委员会审批。

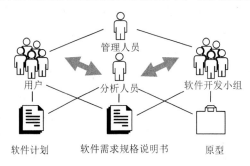

图 3-2　需求分析的参与人员

4. 需求分析的原则

需求分析的基本原则主要包括以下七点。

1）分析人员要使用符合用户语言习惯的表达，尽量多地了解用户的业务及目标，以获得满足用户功能和质量要求的系统，同时用户也要给分析人员讲解其业务。

2）分析人员必须编写软件需求报告，要求得到需求工作结果的解释说明。

3）开发人员要尊重用户的意见，对需求及产品实施提出建议和解决方案，同时分析人员也要尊重开发人员的需求可行性及成本评估。

4）用各种方法特别是容易理解和交流的图形来准确而详细地说明需求，描述产品使用特性，抽出时间清楚地说明并完善需求。为提高生产效率，须划分需求的优先级。

5）允许重用已有的软件组件，需求变更要立即联系，特别是要求对变更的代价提供真实可靠的评估。遵照开发小组处理需求变更的过程。

6）及时做出决定。

7）评审需求文档和原型。

3.2.2　需求获取的方法

1. 访谈法

访谈法是最早开始使用的获取用户需求的技术，也是至今仍然广泛使用的一种需求分析技术。访谈法是一个直接与用户交流的过程，既可以了解高层用户对软件的要求，也可以听取直接用户的呼声。访谈可分为正式的和非正式的两种基本形式。正式访谈时，系统分析员将提出一些事先准备好的具体问题。非正式访谈时，系统分析员将提出一些被访问人可以自由回答的开放性问题，以鼓励他们能说出自己的想法，如可以询问他们对目前正在使用的系统有哪些不满意的地方、为什么等。另外，当需要调查大量人员意见时，可以采用向被调查人分发调查表的方法，然后对收回的调查表仔细阅读，之后系统分析员可以有针对性地访问一些被调查人，以便向他们了解在分析调查表中所发现的新问题。

2. 建立联合分析小组

系统在开始开发时，往往是系统分析员不熟悉用户领域内的专业知识，用户也不熟悉计算机知识，这势必造成交流存在着巨大的文化差异，因而需要建立一个由用户、系统分析员和领域专家参加的联合分析小组，由领域专家来沟通。这对于系统分析员与用户的交流和需求的获取是非常有利的，另外特别要重视用户业务人员的作用。

3. 建立软件快速原型模型

快速原型就是快速建立起来的旨在演示目标系统主要功能的可运行的程序。在第 2 章中已经把快速原型作为一种软件开发模型介绍过了。在实际的软件开发中，快速原型法常常被用作一种有效的需求获取方法。在软件开发过程中，要不要建立软件快速原型，这要视软件系统的性质和规模而定。当系统要求复杂，系统服务不太清楚时，在需求分析阶段开发一个快速原型来验证要求是有必要的，可以大大减少因系统需求的可能性错误而导致的损失。特别是当性能要求比较高时，在快速原型上先做一些实验也是很必要的。

快速原型应具备的第一个特点是"快速"。快速原型的目的是尽快向用户提供一个可以在计算机上运行的目标系统的原型，以便软件开发者和用户对系统服务即目标系统应该"做什么"达成共识。快速原型应具备的第二个特点是"容易修改"。系统原型建立后，让用户对原型进行试用评估并提出意见，开发者根据用户意见迅速修改原型并构建出原型的第二版；再让用户试用评估第二版原型并提出意见，开发者再根据用户意见迅速修改第二版原型。这样"试用—评估—修改"过程可能重复多遍，直到用户和开发者都满意为止。

开发一个原型需要花费一定的人力、物力、财力和时间，如果修改耗时过多，还会延误软件开发时间，而且用于确定需求的原型在完成使命后一般就被丢弃。因此，是否使用快速原型法就必须考虑软件系统的特点、可用的开发技术和工具等方面问题。以下6个问题可用来帮助判断是否选择快速原型法来帮助获取需求。

1）需求已经建立，并且可以预见是相当稳定吗？

2）软件开发人员和用户已经理解了目标系统的应用领域吗？

3）问题是否可被模型化？

4）用户能否清楚地确定基本的系统需求？

5）有任何需求是含糊的吗？

6）已知的需求中存在矛盾吗？

可以看出，如果第一个问题得到肯定回答，就不要采用快速原型法来获取需求；如果其他问题得到肯定回答，就可以采用快速原型法。该方法是最准确、最有效、最强大的需求分析技术。构建原型的要点是，它应该实现用户看得见的功能（如屏幕显示或打印报表），省略目标系统的"隐含"功能（如修改文件）。

为了快速且低成本开发出系统原型，必须充分利用快速开发技术和软件复用技术。否则，如果只是为演示一个系统功能，需要人工编写数千行甚至万行源代码，那么采用快速原型法的代价就太大了，也就变得没有实际意义了。常用的快速构建原型的方法是第四代开发技术（4GT），包括数据库查询和报表语言、程序和应用软件生成器及其他非常高级的非过程语言等，可以使软件开发者能够快速生成可执行代码，因此是较理想的快速原型工具；另外一种是使用一组已有的正确的软件构件组装的方法来装配原型系统，该方法是近年来软件构件化和软件复用技术发展的结果。软件构件可以是现有的数据结构或数据库构件、软件过程构件或其他可视化构件。软件构件一般设计成正确的黑盒子构件，使软件开发者无须了解构件内部工作细节，只知其功能便可快速装配一个原型系统。

4. 问题分析与确认

不要期望用户在一两次交谈中就会对目标系统的需求阐述清楚，也不能限制用户在回答问题过程中的自由发挥。在每次访问后，要及时整理、分析用户提供的信息，去掉错误的、无关的部分，整理有用的内容，以便在下一次与用户见面时由用户确认，同时准备下一次访问用户时更进一步的细节问题。如此循环大概需要 3～5 个来回。

5. 简易的应用规格说明技术

传统的需求获取方法定义需求时，用户过于被动且往往与开发者区分"彼此"。由于不能像同一个团队的人那样齐心协力地识别和精化需求，所以该方法有时效果不太理想。为了解决这个问题，人们研究出一种面向团队的需求获取方法，称为简易的应用规格说明技术。该方法提倡用户与开发者密切合作，共同标识问题，提出解决方案要素，商讨不同方案并指定基本需求。该方法有许多优点，如开发者与用户不分彼此、齐心协力、密切配合，共同完成需求获取工作等。感兴趣的读者可以查阅相关资料。

3.2.3 需求分析建模

在过去的数年中，人们提出了许多种分析建模的方法，其中结构化分析在分析建模领域属于一种占有主导地位的方法，该方法在 20 世纪 70 年代末由汤姆·狄马克（Tom DeMarco）等提出，是传统的建模方法。该方法不是被所有的使用者一致使用的单一方法，众多科学家对其进行了扩充，因此它是发展了超过 40 年的一个混合物。结构化分析方法是一种从问题空间到某种表示的映射方法，软件功能由数据流图表示，是结构化分析方法中重要的、被普遍采用的方法，它包括数据流图（data flow diagram，DFD）和数据字典（data dictionary，DD）构成系统的逻辑模型。该方法使用简单，主要适用于数据处理领域问题，适合于传统软件工程思想（传统方法学）。

结构化分析实质上是一种创建模型的活动。模型就是为了理解事物而对事物做出的一种抽象，是对事物的一种无歧义的书面描述，通常是由一组图形符号和组织这些符号的规则组成。

需求分析过程应该建立三种模型：数据模型、功能模型和行为模型。

数据模型（数据建模）：描绘实体及实体之间的关系，是用于建立数据模型的图形，如实体联系图（entity relationship diagram，ERD）。

功能模型（面向流的建模）：指明系统具有的变换数据的功能，是建立功能模型的基础，如数据流图。

行为模型（基于行为的建模）：指明了作为外部事件结果的系统行为，是行为建模的基础，如状态图。

1. 建立数据模型——实体联系图

信息建模方法是从数据的角度来对现实世界建立模型的，模型是现实系统的一个抽象。由于要描述现实系统，因此模型必须反映实际；又由于抽象的特征，它必须高于实际。也就是说，不仅能反映实际，而且还能指导其他具有共性问题的解决。

信息建模方法的基本工具是实体联系图，该图由实体、属性和关系构成。该方法是从实际中找出实体，然后再用属性来描述这些实体。在信息模型中，实体把信息收集在其中，关系是实体之间的联系或交互作用。有时在实体与关系之外，再加上属性，实体和关系形成一个网络，描述系统的信息状况，给出系统的信息模型。该建模可以使数据规范化，规范化可以消除数据冗余，即消除表格中数据的重复；消除多义性，使关系中的属性含义清楚、单一；使关系的"概念"单一化，让每个数据项只是一个简单的数或字符串，而不是一个组项或重复组；方便操作，使数据的插入、删除与修改操作可行并方便；使关系模式更灵活，易于实现接近自然语言的查询方式。

数据模型中包含三种相互关联的信息，即实体、实体的属性及实体之间的相互关系。

1）实体是指软件必须理解的信息，如"商品销售派单系统"中的商品、销售员、派送员等都是实体。

2）实体的属性定义了实体的性质，如商品的属性中的商品编号、商品名称、价格和产地等。

3）实体之间的相互关系是指实体间相互联系的方式，包含以下三种相互关联的信息。

① 一对一联系（1∶1）：部门与经理之间的关系。

② 一对多联系（1∶N）：部门与销售员/派送员之间的关系。

③ 多对多联系（M∶N）：商品与销售员之间的关系。

基于例 3-1 的商品销售派单系统的需求描述，利用实体联系图工具建立软件的数据模型，如图 3-3 所示。

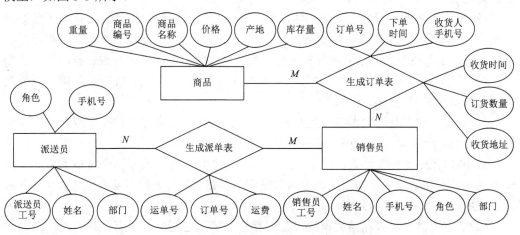

图 3-3　商品销售派单系统实体联系图

图 3-3 包括了实体、属性和关系。其中，矩形框代表实体；连接相关实体的菱形框表示关系；椭圆形或圆角矩形表示实体（或关系）的属性；直线用于连接实体（或关系）及其属性，两个实体之间是两个多对多的关联。

2. 建立功能模型——数据流图

数据流图是一种用于功能建模的图形化技术，它描述系统中的信息流或数据从输入移动到输出的过程中所经受的变换。在数据流图中没有任何具体的物理部件，它只是描绘数据在软件中流动和被处理的逻辑过程，是系统逻辑功能的图形表示。设计数据流图时只需考虑系统必须完成的基本逻辑功能，完全不需要考虑怎样具体地实现这些功能，所以它也是今后进行软件设计的很好的出发点。数据流图也是分析员与用户之间极好的沟通工具。

（1）符号

数据流图的符号如图 3-4 所示。

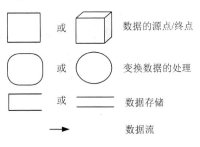

图 3-4　数据流图的符号

数据流图有四种基本符号：正方形（或立方体）表示数据的源点/终点；圆角矩形（或圆形）代表变换数据的处理（简称加工或处理）；开口矩形（或两条平行横线）代表数据存储；箭头表示数据流，即特定数据的流动方向。注意，数据流图与程序流程图中用箭头表示的控制流有本质不同。数据流图是软件开发者从用户的问题中提取四种成分，依次为源点和终点、处理、数据流以及数据存储。

1）源点和终点是系统之外的实体，可以是人、物或其他软件系统，是为了帮助理解系统接口界面而引入的，在数据流图中不需要进一步描述。一般只出现在数据流图的顶层图中，表示系统中数据的来源和去处。为了增加数据流图的清晰性，有时在一张图上可能出现同名的源点和终点（如某个外部实体可能既是源点也是终点），则在方框的右下角加斜线表示是一个实体。

2）处理。加工是对数据进行处理的单元，它对数据流进行某些操作或变换，即表示要执行的一个功能。每个加工要有名字，通常是动词短语。

3）数据流是数据在系统内的运动方向。每一个数据流必须有一个合适的名字，但一般流向数据存储或从数据存储流出的数据流不必命名，有数据存储名就可以了。数据流应该用名词或名词短语命名。

4）数据存储是用来存储数据的。数据存储和加工之间的箭头有三种情况：流向数据存储的数据可以理解为写文件或查询文件；从数据存储流出的数据可以理解为文件读数据或得到查询结果；如果数据流是双向的，则可以理解为既要处理读数据又要写数据。

注意：处理并不一定是一个程序。一个处理框可以代表一系列程序、单个程序或者程序的一个模块；它甚至可以代表用穿孔机穿孔或目视检查数据正确性等人工处理过程。一个数据存储也并不等同于一个文件，它可以表示一个文件、文件的一部分，数据库的元素或记录的一部分等；数据可以存储在磁盘、磁带、磁鼓、主存、微缩胶片、穿孔卡片及其他任何介质（包括人脑）中。

数据存储和数据流都是数据，只是所处的状态不同。数据存储是处于静止状态的数据，数据流是处于运动中的数据。

通常在数据流图中忽略出错处理，也不包括诸如打开或关闭文件之类的内务处理。数据流图的基本要点是描绘"做什么"，而不考虑"怎样做"。

有时数据的源点和终点相同，如果只用一个符号代表数据的源点/终点，则至少将有两个箭头和这个符号相连（分别表示进和出），可能其中一条箭头线相当长，这将降低数据流图的清晰度。另一种表示方法是再重复画一个同样的符号（正方形或立方体）表示数据的终点。有时数据存储也需要重复，以增加数据流图的清晰程度。为了避免可能引起的误解，如果代表同一个事物的同样符号在图中出现在 n 个地方，则在这个符号的一个角上画（n-1）条短斜线做标记。

除了上述四种基本符号之外，有时也使用几种附加符号。"*"表示数据流之间是"与"关系（同时存在）；"＋"表示"或"关系；"⊕"表示只能从中选一个（互斥的关系）。熟悉程序流程图的初学者在画数据流图时，往往试图在数据流图中表现分支条件或循环，殊不知这样做将造成混乱，画不出正确的数据流图。在数据流图中应该描绘所有可能的数据流向，而不应该描绘出现某个数据流的条件。

（2）画数据流图的注意事项

1）每个处理至少有一个输入数据流和一个输出数据流。

2）在数据流图的细化过程中，要保持信息的连续性（信息平衡），当把一个处理分解为一系列处理时，分解前和分解后的输入/输出数据流必须相同。

3）图中每个元素都要恰当命名。

4）对处理进行合理编号。

（3）画分层数据流图的准则（基于自顶向下、逐步求精的方法画数据流图）

结构化分析方法就是面向数据流自顶向下、逐步求精进行需求分析的方法。需求分析的目标之一就是把数据流和数据存储定义到元素级。通常把分析过程中得到的有关数据元素的信息记录在数据字典中。一个大型的软件项目，其复杂程度往往使人感到无从下手。传统的策略是把复杂的问题"化整为零，各个击破"，这就是通常所说的"分解"。结构化分析方法也同样采用分解策略，把一个复杂庞大的问题分解成若干小问题，然后再分别解决，将问题的复杂性分解成人们容易理解、进而容易实现的子系统、小系统。分解可分层进行，要根据系统的逻辑特性和系统内部各成分之间的逻辑关系进行分解。在分解中要充分体现"抽象"的原则，逐层分解中的上一层就是下一层的抽象。最高层的问题最抽象，而低层的较为具体。

顶层的系统很复杂，可以把它分解为第一层的 1、2、3 三个子系统。在这三个子系统中，子系统 1 和 3 仍很复杂，可以把它们分解为子系统 1.1、1.2、1.3 和 3.1、3.2、3.3、3.4、3.5、3.6、…，直到分解所得到的子系统都能被清楚地理解和实现为止。当然，如果子系统已经能够被清楚地理解和实现，就不需要再分解它，如子系统 2 就不需要再分解。

从图 3-5 中可以看到"分解"和"抽象"在自顶向下逐层分解中是两个相互有机联系的概念：上层是下层的抽象，而下层则是上层的分解，中间层是从抽象到具体的逐步过渡。这种层次分解使分析人员分析问题时，不至于一下子考虑过多的细节，而是逐步去了解更多细节。对于任何比较复杂的大系统，分析工作都可以按照该策略有计划、有步骤、有条不紊地进行。

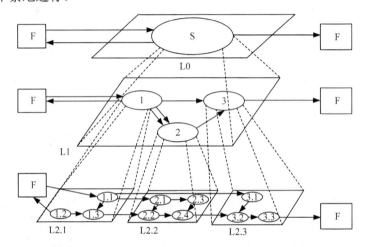

图 3-5 采用自顶向下、逐步求精方法画数据流图

采用自顶向下、逐步求精方法画数据流图的步骤主要如下。

1）顶层数据流图确定整个系统的输入数据流及其源点、输出数据流及其终点；把整个系统作为一个处理。

2）第二层数据流图确定系统的主要处理功能，按此将整个系统（顶层数据流图中的处理）分解成若干个处理，确定每个处理的输入与输出数据流以及与这些处理有关的数据存储。

3）根据自顶向下、逐层分解的原则，对上层图中全部或部分处理进行分解。

4）重复步骤 3），直到逐层分解结束得到底层数据流图。

按照系统的层次结构进行逐步分解，并以分层的数据流图反映这种结构关系，能清楚地表达和理解整个系统。如图 3-5 所示，共有三层数据流图：顶层、中间层和底层数据流图。F 为数据源点/终点，椭圆表示处理。

图 3-5 的操作步骤如下：

步骤 1：画顶层数据流图。顶层数据流图描绘系统的整体逻辑概貌。顶层数据流图仅包含一个处理，它代表被开发系统。顶层数据流图有一个输入流和两个输出流，其中输入流是该系统的输入数据，输出流是该系统的输出数据。

步骤 2：画中间层数据流图。中间层数据流图是对顶层数据流图处理的细化，形成子图。注意，分解前和分解后的输入、输出数据流必须相同，即该层数据流图也同样有一个输入流和两个输出流。该层数据流图的处理从 1 个变成 3 个，3 个处理之间有数据流相联系。图 3-5 的中间层有一个数据流图（包含三个处理）。如果中间层不止一个数据流图，将重复步骤 2 进行多次细化操作，将逐步得到第三层数据流图、第四层数据流图等。

步骤 3：画底层数据流图。底层数据流图是指其处理不需再做分解的数据流图，即停止生成新的细化的数据流图，和上层数据流图一样，该层同样有一个输入流和两个输出流，其中中间层的处理 1 细化为 3 个（处理 1.1～处理 1.3），处理 2 变成了 4 个（处理 2.1～处理 2.4），处理 3 变成了 3 个（处理 3.1～处理 3.3）。

采用分层的方法画数据流图需要注意：按照软件内部数据传递和变换关系自顶向下、逐层分解；先全局后局部；先整体后细节；先抽象后具体；基于软件的功能建立软件系统的逻辑模型。

采用自顶向下、逐步求精的方法画数据流图的优点：便于实现采用逐步细化的扩展方法，利于控制问题复杂度；一组图代替一张总图，业务人员可选择相关图形。

（4）面向数据流的修正和细化过程

面向数据流的修正和细化过程如图 3-6 所示。

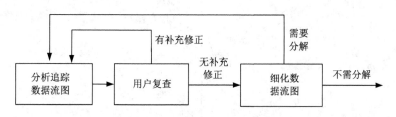

图 3-6 面向数据流的修正和细化过程

图 3-6 包括了两个循环过程：第一个循环的结束条件就是用户复查后无补充修正意见时，就停止对数据流图的修正处理，得到细化数据流图；第二个循环是分析员对该细化数据流图进行功能分解，该循环一直继续，直到不需分解为止，并在最终输出细化数据流图。

软件系统本质上是信息处理系统，而任何信息处理系统的基本功能都是把输入数据转变成需要的输出信息。数据决定了需要的处理和算法，看来数据显然是需求分析的出发点。在可行性研究阶段许多实际的数据元素被忽略了，当时分析员还不需要考虑这些细节，现在是定义这些数据元素的时候了。

【例 3-3】针对商品销售派单系统的需求描述，基于自顶向下、逐步求精方法建立数据流图，进行功能建模。由于数据流图有四种图形元素［源点/终点、处理、数据存储、数据流］，因此，第一步可以从需求描述中提取数据流图的四种成分。首先，考虑数据的源点和终点，从上面对系统的描述可知"销售部的销售员每天需要产生派单报表给物流部的派送员""派送员通过该系统能打印派单报表"，因此销售员是数据源点，而派送员是数据终点。其次，派送员需要打印商品派单报表，显然他们还没有这种报表，因此必须有一个用于产生该报表的处理。再次，销售员在处理订单信息时将会改变商品库存量，由于任何改变数据的操作都是处理，因此考虑订单处理及其相应的录入。最后，需要考虑数据流和数据存储：该系统可以打印商品派单报表给派送员，因此商品派单报表是一个数据流，并必须存放一段时间，需要有相应的数据存储（称为派单表）；订单处理需要查询订单信息，订单信息也是一个数据流，并必须要存放一段时间，需要有相应的数据存储（称为订单表）；商品订单和派单的生成都需要涉及商品信息，因此还需要商品表（包含库存量）。组成数据流图的元素可以从描述问题的信息中提取，具体描述如表3-5和表3-6所示。

表3-5　组成数据流图的元素描述

源点/终点	处理
销售员	商品订单处理
派送员	商品派单处理

表3-6　组成数据流图的元素描述

数据流	数据存储
订单信息	商品表
见订单表	商品编号
	商品名称
派单报表	价格
运单号	产地
订单号	库存量
销售员工号	重量
派送员工号	订单表
运费	订单号
收货人手机号	商品编号
收货地址	销售员工号
收货时间	下单时间
订货数量	收货人手机号
	收货地址
派单信息	收货时间
见派单表	订货数量
	派单表
商品信息	运单号
见商品表	订单号
	销售员工号
	派送员工号
	运费

建立数据流图的过程如下。

1）建立商品销售派单系统的基本系统模型（顶层数据流图）。由表3-5中给出的数据流的元素建立基本系统模型，如图3-7所示。

2）画出第二层数据流图。从图 3-7 获取商品销售派单系统的信息非常有限，应该描绘系统的主要功能。从表 3-5 可知，"商品订单处理"和"商品派单处理"是系统必须完成的两个主要功能，它们将代替图 3-7 中的"商品销售派单系统"，第二层数据流图如图 3-8 所示。

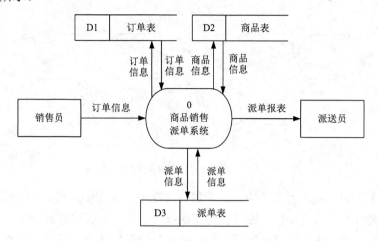

图 3-7 商品销售派单系统的顶层数据流图

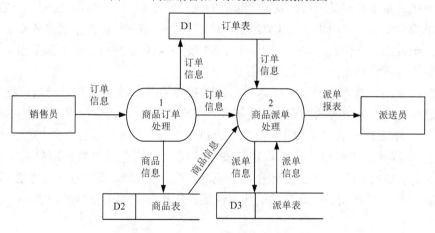

图 3-8 商品销售派单系统的第二层数据流图

3）画出底层数据流图。考虑通过系统的逻辑数据流：当发生一个订单时必须首先录入它；随后按照订单的内容修改商品表；最后如果商品的库存量大于订货数量时，则应该生成派单和产生派单报表。因此，把"商品订单处理"这个功能分解为两个步骤："录入订单"和"更新商品表"；将"商品派单处理"这个功能分解成两个步骤"生成派单"和"产生派单报表"，底层数据流图如图 3-9 所示。

采用自顶向下、逐步求精方法画数据流图时需要注意如下事项。①数据流图应该分层，并且在将功能级数据流图细化后得到的处理超过 9 个时，应该采用画分图的方法，也就是把每个主要功能都细化为一张数据流分图，而原有的功能级数据流图用来描绘系统的整体逻辑概貌。②当对数据流图分层细化时必须保持信息的连续性，即当把一个处理分解为一系列处理时，分解前和分解后的输入输出数据流必须相同。③当进一步分解将涉及如何具体实现一个功能时就不应该再分解了。

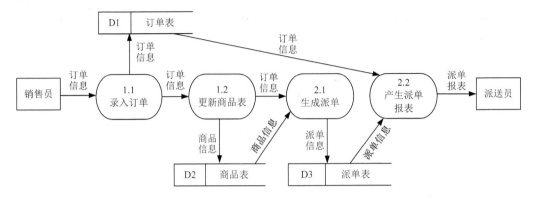

图 3-9　商品销售派单系统的底层数据流图

【例 3-4】目前住院患者主要由护士护理，这样做不仅需要大量护士，而且由于不能随时观察危重患者的病情变化，还可能会延误抢救时机。某医院打算开发一个以计算机为中心的患者监护系统，试写出问题定义，并且分析开发这个系统的可行性。医院对患者监护系统的基本要求是随时接收每个患者的生理信号（脉搏、体温、血压、心电图等），定时记录患者情况以形成患者日志，当某个患者的生理信号超出医生规定的安全范围时向值班护士发出警告信息，此外，护士在需要时还可以要求系统打印出某个指定患者的病情报告。分析该系统并画出数据流图。

　　分析：从问题陈述容易看出，本系统的数据终点是接收警告信息和病情报告的护士。系统对患者生理信号的处理功能主要是"接收信号""分析信号""产生警告信息"。此外，系统还应该具有"定时取样""更新日志""产生病情报告"的功能。为了分析患者生理信号是否超出了医生规定的安全范围，应该存储"生理信号安全范围"信息。此外，定时记录患者生理信号所形成的"患者日志"，显然也是一个数据存储。患者监护系统顶层数据流图、第二层数据流图、底层数据流图分别如图 3-10～图 3-12所示。

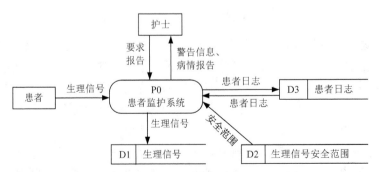

图 3-10　患者监护系统顶层数据流图

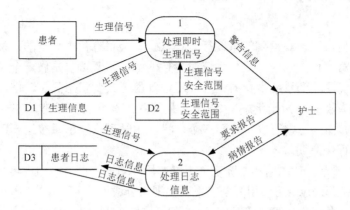

图 3-11　患者监护系统第二层数据流图

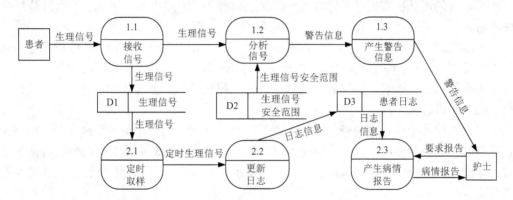

图 3-12　患者监护系统底层数据流图

課堂思考題

例 3-4 中组成数据流图的元素描述是怎样的？

答案：略（见"分析"）。

3. 建立行为模型——状态图

状态图通过描绘系统的状态及引起系统状态转换的事件，来表示系统的行为。状态图中使用的主要符号如图 3-13 所示。

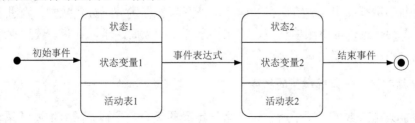

图 3-13　状态图中使用的主要符号

（1）状态

状态是任何可以被观察到的系统行为模式，一个状态代表系统的一种行为模式。状态规定了系统对事件的响应方式。系统对事件的响应，既可以是做一个（或一系列）动作，也可以是仅仅改变系统本身的状态，还可以是既改变状态又做动作。在状态图中定义的状态主要有初态（初始状态）、终态（最终状态）和中间状态。在一张状态图中只能有一个初态，而终态则可以有 0 至多个。状态图既可以表示系统循环运行过程，也可以表示系统单程生命期。

如图 3-13 所示，初态用实心圆表示，终态用一对同心圆（内圆为实心圆）表示。中间状态用圆角矩形表示，可以用两条水平横线把它分成上、中、下 3 个部分。中间状态可以只有其中的一个部分（状态或活动表）或两个部分（状态+状态变量或状态+活动表）。

活动表的语法格式为：事件名（参数表）/动作表达式。其中，事件名可以是任何事件的名称。

在活动表中经常使用下述三种标准事件：entry、exit 和 do。entry 事件指定进入该状态的动作，exit 事件指定退出该状态的动作，do 事件指定在该状态下的动作。需要时可以为事件指定参数表。活动表中的动作表达式描述应做的具体动作。

（2）状态转换

状态图中两个状态之间带箭头的连线称为状态转换，箭头指明了转换方向。状态变迁通常是由事件触发的，在这种情况下应在表示状态转换的箭头线上标出触发转换的事件表达式；如果在箭头线上未标明事件，则表示在源状态的内部活动执行完之后自动触发转换。

（3）事件

事件是在某个特定时刻发生的事情，它是对引起系统做动作或（和）从一个状态转换到另一个状态的外界事件的抽象。事件就是引起系统做动作或（和）转换状态的控制信息。添加的事件和动作被写在转移线上，触发器事件和动作名之间用反斜杠隔开。事件表示实体可以探测到的各种变化，如接收到从一个实体到另一个实体的调用或显示信号、某些值的改变或时间的流逝。在状态图中，一个事件的出现可以触发状态的改变，也可以不改变该状态。例如，在商品销售派单系统中，销售员录入订单信息时的输入事件是一系列的，该系列动作发生时，只要订单录入没有结束，将一直处于"录入订单"状态。

【例 3-5】画出商品销售派单系统的状态图。

商品销售派单系统的状态图如图 3-14 所示，首先该系统需要验证员工，然后对商品表中的商品进行搜索，浏览库存的商品，当商品库存量大于订货数量，则进入生成派单状态，否则，进入等待派单状态，在此状态下，如果商品予以补货，使库存量又大于订货数量，则从等待派单状态进入生成派单状态。

4. 数据字典——分析模型的核心

数据字典是对数据流图中所包含元素的定义的集合。数据流图只描述了系统的"分解"，系统由哪几部分组成，各部分之间的联系，但并没有对所有的图形元素都进行命名，这些名字都是一些属性和内容抽象的概括，没有直接参加定义的人对每个名字可能

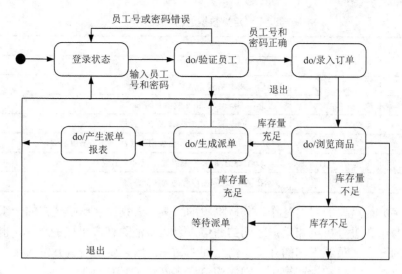

图 3-14　商品销售派单系统的状态图

有不同的理解。对一个软件项目来说，对数据流图中命名的不同理解，将会给以后的开发和维护工作造成灾难。数据字典的作用也正是在软件分析和设计的过程中，给人提供数据描述，即对数据存储（文件）和处理等名字进行定义。显然这个定义应当是严密而精确的，不应有半点含糊。因为它主要作用是供人查阅，并应以一种准确的、无二义性的说明方式为系统的分析、设计及维护提供有关元素的一致的定义和详细的描述。数据流图和数据字典共同构成了系统的逻辑模型。

数据字典是为了描述在结构化分析过程中定义的数据元素而使用的一种半形式化的工具。数据字典是所有与系统相关的数据元素的有组织的列表，并且包含了对这些数据元素的精确、严格的定义，从而使用户和系统分析员双方对输入、输出、存储的成分甚至中间计算结果有共同的理解。

数据字典的作用：数据字典中定义的内容是系统设计、系统实施与维护的重要依据。数据字典可以确保开发人员使用统一的数据定义。

一般说来，数据字典由对四类元素的定义组成：数据流，数据流分量（数据元素），数据存储，处理。

除了数据定义之外，数据字典中还应记录数据元素的下列信息：一般信息（名字、别名、描述等）、定义（数据类型、长度、结构等）、使用特点（值的范围，使用频率，使用方式——输入、输出、本地，条件值等）、控制信息（来源、用户、使用它的程序、改变权、使用权等）和分组信息（父结构，从属结构，物理位置——记录、文件和数据库等）。

数据元素的别名就是该元素的其他等价的名字，出现别名主要有下述三个原因：对于同样的数据，不同的用户使用了不同的名字；一个分析员在不同时期对同一个数据使用了不同的名字；两个分析员分别分析同一个数据流时，使用了不同的名字。虽然应该尽量减少出现别名，但是又不可能完全消除别名。

定义数据的符号及其含义如表 3-7 所示。

表 3-7　定义数据的符号及其含义

符号	含义	例子
=	被定义为	
+	与	X=a+b，则表示 X 由 a 和 b 组成
[ ] 与 |	或	Y=[a|b]，则表示 Y 由 a 或由 b 组成
{ }	重复	X={a}，则表示 X 由 0 个或多个 a 组成
m{ }n	重复	X=4{a}7，则表示 X 中 a 至少出现 4 次，最多出现 7 次
( )	可选	X=(a)，则表示 a 在 X 中出现，也可不出现
...	注释符	表示在两个*之间的内容为词条的注释

　　数据字典最重要的用途是作为分析阶段的工具。在数据字典中建立的一组严密一致的定义有助于改进分析员和用户之间的通信，因此将消除许多可能的误解，也有助于改进在不同的开发人员或不同的开发小组之间的通信。如果要求所有开发人员都根据公共的数据字典描述数据和设计模块，则能避免许多麻烦的接口问题。

　　数据字典的任务是：对于数据流图中出现的所有被命名的图形元素在字典中作为一个词条加以定义，使每一个图形元素的名字都有一个确切的解释。

　　目前，数据字典几乎总是作为 CASE "结构化分析与设计工具"的一部分实现的。在开发大型软件系统的过程中，数据字典的规模和复杂程度迅速增加，人工维护数据字典几乎是不可能的。

　　如果在开发小型软件系统时暂时没有数据字典处理程序，建议采用卡片形式书写数据字典，每张卡片上保存描述一个数据的信息。这样做不仅使更新和修改比较方便，而且能单独处理描述每个数据的信息。每张卡片上包含的信息主要有名字、别名、描述、定义、位置。

　　【例 3-6】采用卡片形式书写数据字典。

商品编号的数据字典实现如下（卡片式）：

```
名字：商品编号
别名：
描述：唯一地标识商品表中一个特定商品的关键域
定义：商品编号=10{字符}10
位置：商品表
　　　订单表
```

派单报表的数据字典实现如下（卡片式）：

```
名字：派单报表
别名：
描述：派单员打印得到的商品派单报表
定义：派单报表=运单号+订单号+销售员工号+派送员工号+运费+
　　　收货人手机号+收货地址+收货时间+订货数量
位置：输出到打印机
```

订货数量的数据字典实现如下（卡片式）：

```
名字：订货数量
别名：
描述：某个商品一次被订货的数量
定义：订货数量=1{数字}7
位置：订单表
　　　派单报表
```

利用计算机辅助建立并维护数据字典，首先编写一个数据字典生成与管理程序。可以按规定的格式输入各类条目，并能对数据字典进行增加、删除、修改及打印出各类查询报告和清单，还可以进行完整性、一致性检查等。然后利用已有的数据库开发工具，针对数据字典建立一个数据库文件，可将数据流、数据流分量、数据存储和处理分别以矩阵表的形式来描述各个表项的内容。最后使用开发工具建成数据库文件，以便于修改、查询并可随时打印出来。同一成分在父图和子图都出现时，则只在父图上定义。

3.2.4　其他图形工具

1. 层次方框图

功能分解方法是最早的分析方法，该方法是将一个系统看成是由若干功能构成的一个集合，每个功能又可划分成若干个子功能，一个子功能又进一步分解成若干个更小的子功能。该方法的关键是利用以往经验，对一个新系统预先设定功能和步骤，出发点放在这个新系统需要进行什么样的功能上，也就是把软件需求当作一棵倒置的功能树，每个结点都是一项具体功能，从树根往下，功能由粗到细，树根是总功能，树枝是子功能，树叶是更小的子功能，整棵树就是一个信息系统的全部功能树。功能分解法体现了"自顶向下，逐步求精"的思想，本质上是用过程抽象的观点来看待需求，符合传统程序设计人员的思维特征，最后分解的结果一般已经是系统程序结构的一个雏形。

层次方框图由一系列多层次的树形结构的矩形框组成，用来描述数据的层次结构。层次方框图的顶层是一个单独的矩形框，它代表数据结构的整体，下面各层的矩形框代表这个数据结构的子集，最底层的各个矩形框代表组成这个数据的不能再分割的基本元素。随着结构描述的向下层的细化，层次方框图对数据结构的描述也越来越详细，系统分析员从顶层数据开始分类，沿着图中每条路径不断细化，直到确定了数据结构的全部细节时为止，该处理模式很适合需求分析阶段的需要。在使用中需要注意，矩形框之间的联系表示组成关系，不是调用关系，因为每个矩形框不是模块。商品销售派单系统层次方框图示例如图 3-15 所示，该图给出了从上而下的功能分解的图形化表示。

图 3-15 中的上层模块与下层模块的关系是组成关系，如用户管理模块包括了注册、登录、查询用户、删除用户、修改用户的功能。

2. IPO 表

IPO 表是输入（input）、处理（processing）和输出（output）的简称，能够很方便地描绘输入数据、数据处理和输出数据之间的关系，如图 3-16 所示。IPO 表用于描述软件结构图中的每个模块之间的调用关系、模块内的数据元素描述以及模块的详细算法（置于图 3-16 的处理框里）。

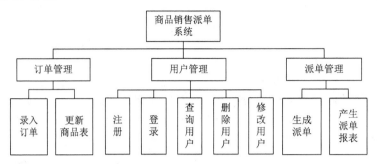

图 3-15 商品销售派单系统层次方框图

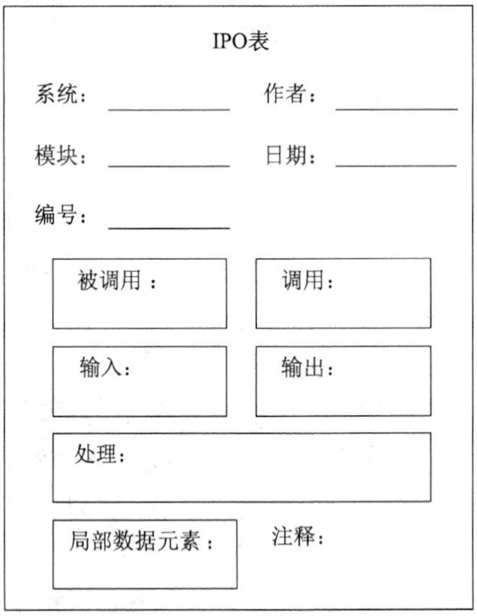

图 3-16 IPO 表

3.2.5 需求分析的过程和需求规格说明书

1. 需求分析的过程

依据在问题定义与可行性研究阶段确定的软件作用范围，进一步对目标和环境做细致深入的调查，了解现实的各种可能解法，加以分析评价，做出抉择，配置各个软件元素，建立一个目标系统的逻辑模型并写出需求规格说明书，具体包括：通过数据流图检查需求；写出需求规格说明书初稿；定义逻辑系统；细化数据流图；书写正式需求规格说明书；技术审查和管理复审。

2. 需求规格说明书

需求规格说明书是在研究用户要求的基础上，完成可行性分析和投资效益分析后，由软件工程师或分析员编写的说明书。它详细定义了信息流和界面、功能需求、设计要求和限制、测试准则和质量保证要求。

需求规格说明书是由开发人员经需求分析后形成的软件文档，是对需求分析工作的全面总结。需求规格说明书包含以下主要内容：任务概述、目标、运行环境、条件与约束、数据描述、静态数据、动态数据（包括输入数据和输出数据）、数据库描述（包括给出使用数据库的名称和类型）、数据字典、数据采集、功能需求、功能划分、功能描述、性能需求、数据精确度、时间特性（包括响应时间、更新处理时间、数据转换与传输时间、运行时间等）、适应性（包括在操作方式、运行环境、与其他软件的接口及开发计划等发生变化时应具有的适应能力）、运行需求、用户界面（包括屏幕格式、报表格式、菜单格式、输入输出时间等）、硬件接口、软件接口、故障处理、其他需求（包括可使用性、安全保密性、可维护性、可移植性等）。

需求规格说明书的作用主要如下。

① 便于用户、分析人员和软件设计人员进行理解和交流。用户通过需求规格说明书在分析阶段即可初步判定目标软件能否满足其原来的期望，设计人员则将需求规格说明书作为软件设计的基本出发点。

② 支持目标软件系统的确认。在软件的测试阶段，根据需求规格说明书中确定的可测试标准设计测试用例，确认软件是否满足需求规格说明书中规定的功能和性能等。

③ 控制系统进化过程。在需求分析完成后，如果用户追加需求，那么需求规格说明书将用于确定是否为新需求。

3.2.6　验证软件需求

需求分析阶段的工作结果是开发软件系统的重要基础，大量统计数据表明，软件系统中 15%的错误起源于错误的需求。为了提高软件质量，确保软件开发成功，降低软件开发成本，一旦对目标系统提出一组要求后，必须严格验证这些需求的正确性。一般说来，应该从一致性、完整性、现实性和有效性这四个不同角度验证软件需求的正确性。

1. 验证需求的一致性

验证需求的一致性是指所有需求必须是一致的，任何一条需求不能和其他需求互相矛盾。当需求分析的结果是用自然语言书写时，除了靠人工技术审查验证需求规格说明书的正确性之外，目前还没有其他更好的"测试"方法。但是，这种非形式化的需求规格说明书是难以验证的，特别是在目标系统规模度大、需求规格说明书篇幅很长时，人工审查的效果是没有保证的，冗余、遗漏和不一致等问题可能没被发现而被继续保留下来，以致软件开发工作不能在正确的基础上顺利进行。

为了克服上述困难，人们提出了形式化的描述软件需求的方法。当需求规格说明书是用形式化的需求陈述语言书写时，可以用软件工具验证需求的一致性，从而能有效地保证软件需求的一致性。

2. 验证需求的完整性

验证需求的完整性是指需求必须是完整的，需求规格说明书应该包括用户需要的每一个功能或性能。只有目标系统的用户才真正知道需求规格说明书是否完整、准确地描述了他们的需求。因此,验证需求的完整性,只有在用户的密切合作下才能完成。然而许多用户并不能清楚地认识到他们的需求(特别是在要开发的系统是全新的,没有使用类似系统的经验时,情况更是如此),不能有效地比较陈述需求的语句和实际需要的功能。只有当用户有某种工作着的软件系统可以实际使用和评价时,才可能完整确切地提出他们的需要。

理想的做法是先根据需求分析的结果开发出一个软件系统,请用户试用一段时间以便能认识到他们的实际需要是什么,在此基础上再写出正式的"正确的"需求规格说明书。但是,这种做法将使软件成本增加一倍,因此实际上几乎不可能采用该方法。使用原型系统是一个比较现实的替代方法,开发原型系统所需要的成本和时间可以大大少于开发实际系统所需要的,用户通过试用原型系统,也能获得许多宝贵的经验,从而可以提出更符合实际的要求。使用原型系统的目的,通常是显示目标系统的主要功能而不是性能,为了达到这个目的可以通过快速建立原型系统,并且可以适当降低对接口、可靠性和程序质量的要求,此外还可以省掉许多文档资料方面的工作,从而可以大大降低原型系统的开发成本。

3. 验证需求的现实性

验证需求的现实性是指指定的需求应该是用现有的硬件技术和软件技术基本上可以实现的。对硬件技术的进步可以做出预测;对软件技术的进步则很难做出预测,只能从现有技术水平出发判断需求的现实性。为了验证需求的现实性,分析员应该参照以往开发类似系统的经验,分析用现有的软、硬件技术实现目标系统的可能性。必要时应该采用仿真或性能模拟技术,辅助分析需求规格说明书的现实性。

4. 验证需求的有效性

验证需求的有效性是指必须证明需求是正确有效的,确实能解决用户当前面对的问题。

为了更有效地保证软件需求的正确性,特别是为了保证需求的一致性,需要有适当的软件工具支持需求分析工作,这类软件工具应该满足下列要求。

1)必须有形式化的语法(或表),因此可以用计算机自动处理使用这种语法说明的内容。

2)使用这个软件工具能够导出详细的文档。

3)必须提供分析(测试)需求规格说明书的不一致性和冗余性的手段,并且应该能够产生一组报告指明对完整性分析的结果。

4)使用这个软件工具之后,应该能够改进通信状况。

作为需求工程方法学的一部分,需求陈述语言(requirement statement language,RSL)于1977年设计完成。RSL中的语句是计算机可以处理的,处理以后把从这些语句中得到的信息集中存放在一个称为抽象系统语义模型(abstract system semantic model,ASSM)的数据库中。有一组软件工具处理ASSM数据库中的信息以产生出用Pascal语言书写的模拟程序，从而可以检验需求的一致性、完整性和现实性。

1977 年美国密执安大学开发了问题陈述语言/问题陈述分析程序（problem statement language/problem statement analysis procedure，PSL/PSA）系统。这个系统是计算机辅助设计和规格说明分析工具（computer aided design and specification analysis tools，CADSAT）的一部分，它的基本结构类似于 RSL。其中 PSL 是用来描述系统的形式语言，PSA 是处理 PSL 描述的分析程序。用 PSL 描述的系统属性放在一个数据库中，一旦建立起数据库之后即可增加信息、删除信息或修改信息，并且保持信息的一致性。PSA 对数据库进行处理以产生各种报告，测试不一致性或遗漏，并且生成文档资料。

PSL/PSA 系统的功能主要有四种：描述任何应用领域的信息系统；创建一个数据库保存对该信息系统的描述符；对描述符施加增加、删除、更改等操作；产生格式化的文档和关于规格说明书的各种分析报告。

PSL/PSA 系统用描述符从系统信息流、系统结构、数据结构、数据导出、系统规模、系统动态、系统性质和项目管理共八个方面描述信息系统。

用 PSL 对系统做了完整描述，就可以调用 PSA 产生一组分析报告，其中包括所有修改规格说明数据库的记录，用各种形式描述数据库信息的参照报告（包括图形形式的描述），关于项目管理信息的总结报告，以及评价数据库特性的分析报告。

借助 PSL/PSA 系统可以边对目标系统进行自顶向下的逐层分解，边将需求分析过程中遇到的数据流、文件、处理等用 PSL 描述出来并输入到 PSL/PSA 系统中，PSA 将对输入信息作一致性和完整性检查，并且保存这些描述信息。

PSL/PSA 系统的主要优点是：改进了文档质量，能保证文档具有完整性、一致性和无二义性，从而可以减少管理和维护的费用；数据存放在数据库中，便于增加、删除和更改。

习　题

1. 可行性分析需要对哪些方面进行分析？
2. 可行性研究过程是什么？
3. 需求分析的任务有哪些？
4. 需求分析需要建立哪些模型？每种模型表示什么？
5. 什么是数据流图？其作用是什么？其中的基本符号各表示什么含义？
6. 简述画数据流图的步骤。
7. 什么是数据字典？其作用是什么？它有哪些元素？
8. 需求规格说明书的作用有哪些？
9. 针对以下给出的问题陈述，使用数据流图表示商场管理信息系统的功能模型：库房管理员负责录入入库/出库商品信息，系统处理商品信息的变更情况并保存到相关文件，系统定期打印库房商品的库存清单给采购部；前台销售员负责录入商品销售信息，系统处理并保存商品销售信息、为顾客打印购货清单；销售经理可以查询商品月销售情况、商品库存情况，并得到相应的统计报表。[注：使用三层数据流图（顶层、一层、二层）逐步分解。]

第4章 概要设计

　　概要设计阶段的基本目的是用比较抽象的概括方式确定系统如何完成预定的任务。概要设计可以站在全局高度上，花较少成本，从较抽象的层次上分析对比多种可能的系统实现方案和软件结构，从中选出最佳方案和最合理的软件结构，从而用较低成本开发出较高质量的软件系统。

　　概要设计过程通常由两个阶段组成。首先是系统设计阶段：确定系统的具体实现方案；然后是软件结构设计阶段：确定软件由哪些模块组成以及这些模块之间的动态调用关系。层次图是描绘软件结构的常用工具。软件结构设计遵循的最主要的原理是模块独立原理。

4.1 设计过程

　　首先寻找实现目标系统的各种不同的方案（数据流图是极好的出发点），分析员从这些供选择的方案中选取若干个合理的方案，为每个合理的方案都准备一份系统流程图，列出组成系统的所有物理元素，进行成本/效益分析，并且制订实现这个方案的进度计划。然后分析员从中选出一个最佳方案向使用部门负责人推荐，如果使用部门负责人接受了推荐的方案，分析员则进一步为这个最佳方案设计软件结构。具体过程如下。

4.1.1 设想供选择的方案

　　在概要设计阶段分析员应该考虑各种可能的实现方案，并且力求从中选出最佳方案。数据流图是概要设计的极好的出发点。

4.1.2 选取合理的方案

　　通常至少选取低成本、中等成本和高成本的三种方案。对每个合理的方案分析员都应该准备下列四份资料：系统流程图；组成系统的物理元素清单；成本/效益分析；实现这个系统的进度计划。

4.1.3 推荐最佳方案

　　综合分析对比各种合理方案的利弊，推荐一个最佳的方案，并且为推荐的方案制订详细的实现计划。在使用部门负责人接受分析员推荐的方案之后，将进入概要设计过程的下一个重要阶段——结构设计。

4.1.4 功能分解

　　为确定软件结构，需要从实现角度把复杂的功能进一步分解。结合算法描述仔细分析数据流图中的每个处理，如果一个处理的功能过分复杂，必须把它的功能适当地分解成一系列比较简单的功能。

4.1.5　设计软件结构

软件结构（由模块组成的层次系统）可以用层次图或结构图来描绘。如果数据流图已经细化到适当的层次，则可以直接从数据流图映射出软件结构。软件结构的层次图如图 4-1 所示，一个矩形框代表一个模块，框内注明模块的名字或主要功能，方框之间的箭头（或直线）表示模块之间的调用关系，位于上方的方框代表的模块调用下方的模块（注意表示软件结构的层次图与层次方框图不同，层次方框图中的上下层方框之间表示的是组成关系）。

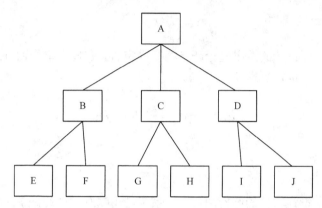

图 4-1　软件结构的层次图

图 4-1 所示的某软件系统有 10 个模块，假定在后期的编码阶段均已经定义成 C 语言的函数，表示该软件由 10 个函数组成，基于该软件结构的层次图的模块间的调用关系依次为

A(){	B()	C()	D()
B();	{E();	{G();	{I();
C();	F();	H();	J();
D();}	}	}	}

设计软件的体系结构需要在对需求分析阶段生成的数据流图进一步分析和精化的基础上。①将系统按照功能划分为模块：通常程序中的一个模块完成一个适当的子功能；②确定模块之间的调用关系及其接口：应该把模块组织成良好的层次系统；③对划分的结果进行优化和调整。良好的软件结构设计对详细设计及编码阶段的工作都是至关重要的。

4.1.6　设计数据库

对于需要使用数据库的那些应用系统，软件工程师应该在需求分析阶段所确定的系统数据需求的基础上，进一步设计数据库。

4.1.7　制订测试计划

在软件开发的早期阶段考虑测试问题，能促使软件设计人员在设计时注意提高软件的可测试性。

4.1.8 书写文档

应该用正式的文档记录概要设计的结果，在这个阶段应该完成的文档通常有下述几种。①系统说明：数据流图、成本/效益分析，用层次图等描述的软件结构，用 IPO 图简要描述各个模块的算法，模块间的接口关系等；②用户手册：根据概要设计阶段的结果，修改在需求分析阶段产生的初步的用户手册；③测试计划：包括测试策略、测试方案、预期的测试结果、测试进度计划等；④详细的实现计划；⑤数据库设计结果：由数据模型（ER 图）转换成数据库的设计结果（如关系模式）。

4.1.9 审查和复审

最后应该对概要设计的结果进行严格的技术审查，在技术审查通过之后再由使用部门负责人从管理角度进行复审。

4.2 设 计 原 理

4.2.1 模块化

概要设计需要设计软件的结构图：描述系统是由哪些模块组成的，模块之间的关系是怎样的。

模块化：把程序划分成独立命名且可独立访问的模块，每个模块完成一个子功能，把这些模块集成起来构成一个整体，可以完成指定的功能以满足用户的需求。模块是由边界元素限定的相邻程序元素的序列，而且有一个总体标识符代表它。过程、函数、子程序和宏等，都可作为模块。面向对象方法学中的对象（object）是模块，对象内的方法（或称为服务）也是模块。模块是构成程序的基本构件。

模块化的理论根据是："逐个击破"的结论，即如果将复杂的问题分解成许多容易解决的小问题，原来的问题也就容易解决了。首先，设 $C(x)$ 为问题 x 所对应的复杂度函数，$E(x)$ 为解决问题 x 所需要的工作量函数。对于两个问题 P_1 和 P_2，如果

$$C(P_1) > C(P_2)$$

即问题 P_1 比 P_2 的复杂度高，则显然有

$$E(P_1) > E(P_2)$$

即解决问题 P_1 比 P_2 所需的工作量大。

在人们解决问题的过程中，发现另一个有趣的规律：

$$C(P_1+P_2) > C(P_1)+C(P_2)$$

即解决由多个问题复合而成的大问题的复杂度大于单独解决各个问题的复杂度之和。也就是说，对于一个复杂问题，将其分解成多个小问题分别解决比较容易。

$$E(P_1+P_2) > E(P_1)+E(P_2)$$

由此可以推出：若将复杂问题分解成若干个小问题，各个击破，所需要的工作量小

于直接解决复杂问题所需的工作量。因此，模块化的好处有：可以降低软件开发的难度及提高团队合作开发大型软件的可行性；可以使程序结构清晰，增加易读性和易修改性；有利于提高代码的可重用性。

课堂思考题

模块是不是越多越好？

答案：模块并不是越多越好，模块化与软件成本的关系如图 4-2 所示。由图可知，随着模块数目增加，软件开发的成本在降低，但是模块间接口成本在增加。软件总成本有个最小成本区，其对应的横坐标是该软件最合适的模块数目。

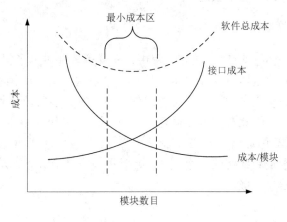

图 4-2　模块化与软件成本的关系

4.2.2　抽象

抽象是人类在解决复杂问题时经常采用的一种思维方式，它是指将现实世界中具有共性的一类事物的相似的、本质的方面集中概括起来，而暂时忽略它们之间的细节差异。

软件工程过程的每一步都是对软件的抽象层次的精化。例如，在可行性研究阶段，软件作为系统的一个完整部件；在需求分析阶段，软件是使用在问题环境内熟悉的方式描述的；当由概要设计向详细设计过渡时，抽象的程度也随之减少；最后，源程序写出来以后，也就达到了抽象的底层。

4.2.3　逐步求精

逐步求精是一个非常古老和原始的编程思路，也是人类解决复杂问题时采用的基本方法，同时也是许多软件工程技术的基础。逐步求精是指为了能集中精力解决主要问题而尽量推迟对问题细节的考虑。通常，将现实问题经过几次抽象（细化）处理，最后到求解域中只是一些简单的算法描述和算法实现问题。也就是将系统功能按层次进行分解，每一层不断将功能细化，到最后一层都是功能单一、简单易实现的模块。求解过程可以划分为若干个阶段，在不同阶段采用不同的工具来描述问题。在每个阶段有不同的规则和标准，产生出不同阶段的文档资料，这就是逐步求精的过程。

逐步求精之所以如此重要，是因为人类的处理信息能力遵循 Miller 法则。Miller 法则是指从心理学的角度来看，人类处理信息的能力是有限的，人脑处理信息有一个数字（7±2）的限制，也就是说人脑最多可以同时处理 5～9 个信息。原因是短期记忆储存空间的限制，超过 9 个信息，大脑出现错误的概率大大提高。

事实上，在软件开发过程中，工程师在一段时间内需要考虑的知识块数远远不止 9 个，如果将所有的关联通盘考虑，那么大脑出现错误的概率将会非常高。逐步求精方法的强大之处在于，它能保证开发者只把精力集中于当前开发阶段的相关方面。逐步求精确保每个问题都将被解决，而且每个问题将在适当的时候被解决，在任何时候一个人都不需要同时处理 7 个以上的知识块。

4.2.4　信息隐藏和局部化

1）信息隐藏。应用模块化原理的过程中，在分解软件时为了得到最好的一组模块，信息隐藏原理指出应该这样设计和确定模块：一个模块内包含的信息（过程和数据）对于不需要这些信息的模块来说，是不能访问的。由于绝大多数数据和过程对于软件的其他部分而言是隐藏的，因此在修改期间由于疏忽而引入的错误很少能传播到其他模块。

2）局部化。局部化是指把一些关系密切的软件元素物理地址放得彼此靠近。如模块中的局部数据元素是局部化的一个例子。局部化和信息隐藏概念是密切相关的，显然，局部化有助于实现信息隐藏。

4.2.5　模块独立

模块的独立性是指软件系统中每个模块只涉及软件要求的具体的子功能，而和软件系统中其他模块的接口是简单的。模块的独立性的优点：比较容易开发出有效模块化（具有独立的模块）的软件，独立的模块比较容易测试和维护。模块的独立程度可以由两个定性标准度量：耦合和内聚。

1. 耦合

耦合性是指对一个软件结构内部不同模块间联系紧密程度的度量指标。由于模块间的联系是通过模块接口实现的，因此模块耦合性的高低主要取决于模块接口的复杂程度、调用模块的方式，以及通过模块接口的数据。模块间的耦合性可划分为数据耦合、控制耦合、特征耦合、公共耦合和内容耦合这几种类型。很容易理解，模块之间耦合越紧密，那么当一个模块出现问题需要更改时，所需改动的就越多。所以在实际的软件设计中应该追求尽可能松散耦合的系统，否则影响系统的可理解性、可测性、可靠性和可维护性。

1）数据耦合。若两个模块之间仅通过模块参数交换信息，且交换的信息全部为简单数据，则称这种耦合为数据耦合。数据耦合的耦合性最低，通常软件中都包含数据耦合。例如：

```
    int sum(int a, int b){
 int c;
```

```
    c=a+b;
    return(c);
}
main(){
    int x, y;
    printf("x+y= %d",sum(x, y));
}/*该例中主函数 main()与 sum()函数之间即为数据耦合关系*/
```

2）控制耦合。若模块之间交换的信息中包含控制信息（尽管有时控制信息是以数据的形式出现），则称这种耦合为控制耦合。控制耦合是中等程度的耦合，它会增加程序的复杂性。例如：

```
void output(flag){
  if (flag)
      printf("OK! ");
  else
      printf("NO! ");
  }
  main(){
    int flag;
    output(flag);
}/*该例中主函数 main()与 output()函数之间即为控制耦合关系，传递的 flag 标志量
起指示作用*/
```

另一个控制耦合的示例如图 4-3 所示。图中，模块 A 通过传递标志量 flag 来调用模块 B 中的 f1～fn。可以将该控制耦合改造成数据耦合，如图 4-4 所示，通过将虚线上移，让模块 B 包括模块 A，并通过 flag 来调用 f1～fn。此时，改造后的模块 B 和 f1～fn 之间没有传递控制信息，也就是说 f1～fn 中没有从模块 B 传递过来的控制信息。

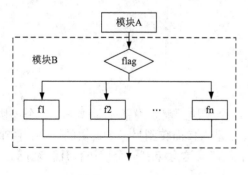

图 4-3　控制耦合

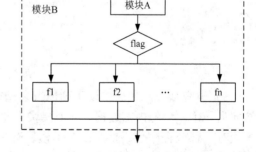

图 4-4　将控制耦合改造成数据耦合

3）特征耦合。当把整个数据结构作为参数传递而被调用的模块只需要使用其中一部分数据元素时，就发生了特征耦合，例如：

```
struct student
    {char name[20];
     int age;
```

```
        int math;
        int english;
    };
int sum(struc stu){
    int c, a, b;
    a=stu.math;
    b=stu.english;
    c=a+b;
    return(c);}
main(){
    int x, y;
    struc student stu={"Tom", 18, 97, 95}
    printf("总分= %d", sum(stu));
    }
```

上例中，主函数 main()与 sum()函数之间即为特征耦合，因为 main()函数传递给 sum()函数的结构体成员值是 4 个，而 sum()函数只用了其中的两个值而不是全部值，即只是用了 stu.math 和 stu.english。

4）公共耦合。若两个或多个模块通过引用公共数据相互联系，则称这种耦合为公共耦合。例如，在程序中定义了全局变量，并在多个模块中对全局变量进行了引用，则引用全局变量的多个模块间就具有了公共耦合关系。公共耦合如图 4-5 所示，上下层模块之间是调用关系，虚线箭头表示全局数据区的数据的获取和存储，模块 B、C、E 为通过全局数据区形成了公共耦合。

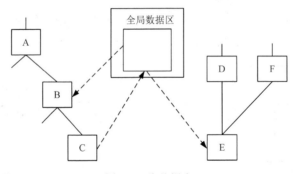

图 4-5　公共耦合

5）内容耦合。如果出现下列情况之一，两个模块间就发生了内容耦合：一个模块访问另一个模块的内部数据；一个模块不通过正常入口而转到另一个模块的内部；两个模块有一部分程序代码重叠；一个模块有多个入口（这意味着一个模块有几种功能）。内容耦合是最不希望出现的耦合。

耦合是影响软件复杂程度的一个重要因素。应该采取下述设计原则：尽量使用数据耦合，少用控制耦合和特征耦合，限制公共耦合的范围，完全不用内容耦合。

2. 内聚

内聚标志一个模块内各个元素彼此结合的紧密程度，它是信息隐藏和局部化概念的自然扩展。理想内聚的模块功能单一，即理想内聚的模块只做一件事情。设计时应该力求做到高内聚，尽量不要使用低内聚。内聚又有以下几种类型。

1）低内聚有三类。①如果一个模块完成一组任务，这些任务彼此间即使有关系，关系也是很松散的，就叫作偶然内聚。有时在写完一个程序之后，发现一组语句在两处或多处出现，于是把这些语句作为一个模块以节省内存，这样就出现了偶然内聚的模块。②如果一个模块完成的任务在逻辑上属于相同或相似的一类（如一个模块产生各种类型的全部输出），则称为逻辑内聚。③如果一个模块包含的任务必须在同一段时间内执行（如模块完成各种初始化工作），称为时间内聚。在偶然内聚的模块中，各种元素之间没有实质性联系，很可能在一种应用场合需要修改这个模块，而在另一种应用场合又不允许修改这个模块，从而陷入困境。事实上，偶然内聚的模块出现修改错误的概率比其他类型的模块高得多。在逻辑内聚的模块中，不同功能混在一起，合用部分程序代码，即使局部功能的修改有时也会影响全局。因此，这类模块的修改也比较困难。时间关系在一定程度上反映了程序的某些实质，所以时间内聚比逻辑内聚好一些。

2）中内聚主要有两类。①如果一个模块内的处理元素是相关的，而且必须以特定次序执行，则称为过程内聚。使用程序流程图作为工具设计软件时，常常通过研究流程图确定模块的划分，这样得到的往往是过程内聚的模块。②如果模块中所有元素都使用同一个输入数据和（或）产生同一个输出数据，则称为通信内聚。

3）高内聚也有两类。①如果一个模块内的处理元素和同一个功能密切相关，而且这些处理必须顺序执行（通常一个处理元素的输出数据作为下一个处理元素的输入数据），则称为顺序内聚。根据数据流图划分模块时，通常得到顺序内聚的模块，这种模块彼此间的连接往往比较简单。②如果模块内所有处理元素属于一个整体，完成一个单一的功能，则称为功能内聚。功能内聚是最高程度的内聚。

3. 内聚和耦合的关系

内聚和耦合是密切相关的，模块内的高内聚往往意味着模块间的松耦合。内聚和耦合都是进行模块化设计的有力工具。实践证明，保证模块的高内聚性比低耦合性更重要，在软件设计时应将更多的注意力集中在提高模块的内聚性上。

4.3　启发规则

4.3.1　改进软件结构，提高模块独立性

设计出软件的初步结构后，应该审查分析这个结构，通过模块分解或合并，力求降低耦合、提高内聚。例如，多个模块公有的一个子功能可以独立成一个模块，由这些模块调用；有时可以通过分解或合并模块以减少控制信息的传递及对全程数据的引用，并且降低接口的复杂程度。

4.3.2　模块规模应该适中

经验表明，一个模块的规模不应过大，通常不超过60行语句。

4.3.3 深度、宽度、扇出和扇入都应适当

深度表示软件结构中控制的层数，它往往能粗略地标识一个系统的大小和复杂程度。

宽度是软件结构内同一个层次上的模块总数的最大值。一般来说，宽度越大，系统越复杂。对宽度影响最大的因素是模块的扇出。

扇出是一个模块直接控制（调用）的模块个数。扇出过大意味着模块过分复杂，需要控制和协调过多的下级模块；扇出过小（例如总是 1）也不好。经验表明，一个设计得好的典型系统的平均扇出通常是 3 或 4（扇出的上限通常是 5~9）。

扇入是指直接调用该模块的上级模块的个数。扇入越大则共享该模块的上级模块个数越多，这是有好处的，但是，不能违背模块独立原理而单纯追求高扇入。

观察大量软件系统后发现，设计得很好的软件结构通常顶层扇出比较高、中层扇出较少、底层扇入到公共的实用模块中去（底层模块有高扇入）。

4.3.4 模块的作用域应该在控制域之内

模块的作用域为受该模块内一个判定影响的所有模块的集合。模块的控制域是这个模块本身以及所有直接或间接从属于它的模块的集合。在一个设计良好的系统中，所有受判定影响的模块应该都从属于做出判定的那个模块，最好局限于做出判定的那个模块本身以及它的直属下级模块。也就是说，希望作用域是控制域的子集，否则需要修改软件结构。模块的作用域和控制域举例如图 4-6 所示，模块 G 的控制域是模块 K、L 的集合。希望模块 G 的作用域是模块 K 或 L，也就是说如果模块 C 做出的判定只影响到模块 K 或 L，那么这是符合规则的。但是，如果该系统设计得不好，C 做出的判定会影响到模块 H 中的处理过程，也就是说，模块 G 的作用域不仅有模块 K 和 L，还包括了模块 G 的控制域外的模块 H，这会让软件结构难于理解，模块 G 需要将判定结果传递给父模块 C，再由父模块 C 传递给模块 H，这会造成耦合。对于该不合理设计，一般有两种改进方法：一是将判定向上移（如把判定从模块 G 移到父模块 C 中）；二是将不在控制域范围内，但是在作用域内的模块移到控制域内（如将模块 H 移到 G 的下面）。

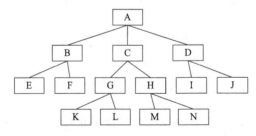

图 4-6 模块的作用域和控制域举例

4.3.5 力争降低模块接口的复杂程度

模块接口复杂是软件发生错误的一个主要原因。应该仔细设计模块接口，使信息传递简单并且和模块的功能一致。如 quad_root(TBL, X)是求一元二次方程根的模块，其中数组 TBL 传送方程的系数，用数组 X 来传回求得的根。这种传递信息的方法不利于理

解和维护，开发期也容易发生错误，改成 quad_root(a, b, c, root1, root2)则容易理解，且降低了模块接口的复杂度。

4.3.6　设计单入口单出口的模块

不要使模块间出现内容耦合。当从顶部进入模块且从底部退出来时，软件易于理解，也易于维护。

4.3.7　模块功能应该可以预测

如果一个模块可以当作一个黑盒子，也就是说，只要输入的数据相同就产生同样的输出，那么这个模块的功能就是可以预测的。

4.4　面向数据流的设计方法

面向数据流的设计方法定义了一些不同的"映射"，利用这些映射可以把数据流图变换为软件结构图。因为任何软件系统都可以用数据流图表示，所以面向数据流的设计方法理论上可以设计任何软件的结构。通常所说的结构化设计方法，也就是基于数据流的设计方法。

4.4.1　概念

1. 变换流

变换流如图 4-7 所示：信息沿输入通路进入系统，同时由外部形式变换成内部形式；进入系统的信息通过变换中心，经加工（处理）再沿输出通路变换成外部形式离开软件系统。

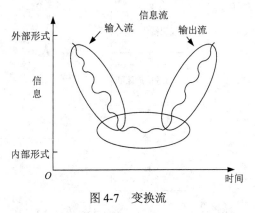

图 4-7　变换流

2. 事务流

数据沿输入通路到达一个处理（事务中心），根据输入数据的类型，在若干个动作序列（活动通路）中选出一个来执行，称为事务流，图 4-8 中的 T 即为一个事务中心。

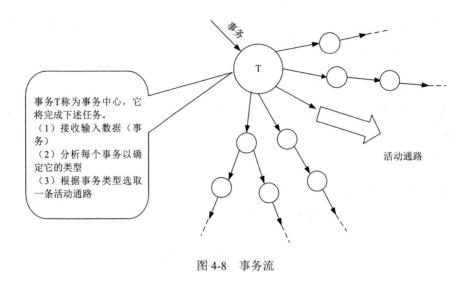

图 4-8 事务流

3. 设计过程

图 4-9 说明了使用面向数据流的设计方法的设计过程。

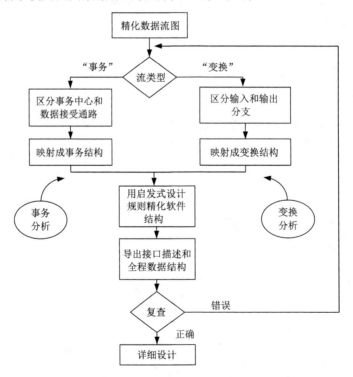

图 4-9 面向数据流的设计方法的设计过程

图 4-9 的解释如下：

1）先精化数据流图。

2）根据精化的结果确定数据流图是具有变换特性还是事务特性。

3）确定输入流和输出流的边界，从而孤立出变换中心。

4）完成第一级分解，软件结构代表对控制的自顶向下的分配，所谓分解就是分配控制的过程。对于变换流的情况，数据流图被映射成一个特殊的软件结构，这个结构控制输入、变换和输出等信息处理过程。位于软件结构最顶层的控制模块协调下述从属的控制功能：输入信息处理控制模块协调对所有输入数据的接收；变换中心控制模块管理对内部形式的数据的所有操作；输出信息处理控制模块协调输出信息的产生过程。

5）完成第二级分解，第二级分解就是把数据流图中的每个处理映射成软件结构中一个适当的模块。

6）使用启发式规则对第一次分割得到的软件结构进一步精化。

7）导出接口描述和全程数据结构，复查是否出现错误，如果没错误则进行详细设计，否则重新回到确定数据流图特性的步骤。

4.4.2　变换分析

变换分析是一系列设计步骤的总称，经过这些步骤把具有变换流特点的数据流图按预先确定的模式映射成软件结构图。基于数据流图采用二级分解的方法构建软件结构图，如图 4-10 所示。

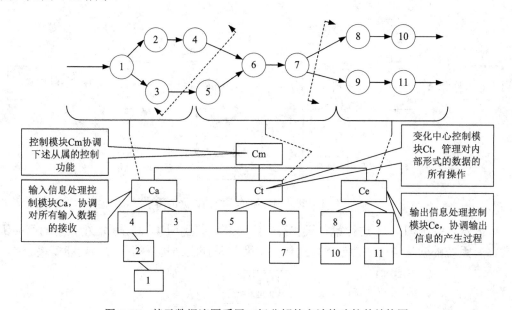

图 4-10　基于数据流图采用二级分解的方法构建软件结构图

图 4-10 的分析如下：

1）完成第一级分解，如图 4-10 中的第一层（Cm）和第二层（Ca、Ct、Ce）所示。软件结构代表对控制的自顶向下的分配，所谓分解就是分配控制的过程。对于变换流的情况，数据流图被映射成一个特殊的软件结构，该结构控制输入 Ca、变换 Ct 和输出 Ce 等信息处理过程，也就是说第一级分解后，得到的是软件的二层控制结构。

2）完成第二级分解，如图 4-10 中的第三层（4、3、5、6、8、9）～第五层（1），即把数据流图中的每个处理映射成软件结构中一个适当的模块,放在 Ca、Ct 和 Ce 的模块的下面。图 4-10 中上部所示的数据流图需要按照数据流的输入、变换和输出三大功能,用输入通路(左边的虚线)和输出通路(右边的虚线)分割成三部分。

首先,沿着输入通路向左外移动,把输入通路中每个处理映射成软件结构图中 Ca 控制下的一个底层功能模块,如依次得到方框 4、3、2、1。

其次,沿着输出通路向右外移动,把输出通路中每个处理映射成软件结构图中 Ce 控制下的一个底层功能模块,得到方框 8、9、10、11。

最后,将变换中心中的三个处理依次映射为软件结构图 Ct 控制下的底层功能模块,依次得到方框图 5、6、7。完成第二级分解后的输入结构、变换结构和输出结构如图 4-10 中的第三～第五层所示。

3)使用设计度量和启发式规则对第一次得到的软件结构进行精化。为了得到一个易于实现、易于测试和易于维护的软件结构,应该对初步分割得到的模块进行再分解或合并。

【例 4-1】基于第 3 章的商品销售派单系统的数据流图(图 3-9),画出输入通路和输出通路,然后采用二级分解的方法设计软件结构图。设计过程如下。

首先,画出输入通路和输出通路的数据流图,如图 4-11 所示。

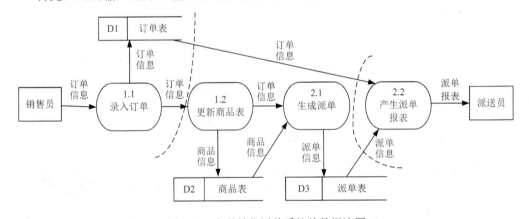

图 4-11　商品销售派单系统的数据流图

其次,基于图 4-11 进行第一级和第二级分解,得到图 4-12 所示的精化前的商品销售派单系统的软件结构图,该软件结构图上两层是控制结构,第三层为功能模块。

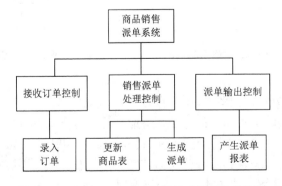

图 4-12　精化前的商品销售派单系统软件结构图

最后，对图 4-12 进行精化处理，因为接收订单控制结构下面只有一个模块，因此将两者功能进行合并；类似，需要将销售派单处理控制和产生派单表这两个控制结构进行合并，得到精化后的商品销售派单系统软件结构图，如图 4-13 所示。

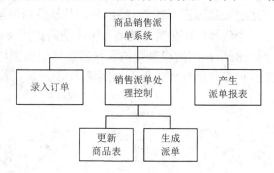

图 4-13　精化后的商品销售派单系统软件结构图

4.4.3 事务分析

事务分析的映射方法如图 4-14 所示，图中由接收分支和发送分支及其调度模块组成。其中，A_CTL（a control）表示子模块，控制 A 通路中所有的活动模块；B_CTL、C_CTL 分别控制 B、C 通路中所有的活动模块。

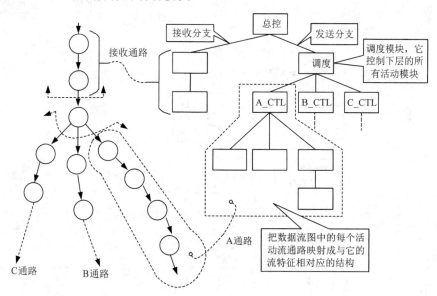

图 4-14　事务分析的映射方法

一般来说，如果数据流不具有显著的事务中心特点，最好使用变换分析；反之，如果具有明显的事务中心，则应该采用事务分析。

软件设计人员应该致力于开发能够满足所有功能和性能要求、按照设计原理和启发式设计规则衡量是值得接收的软件。应该在设计的早期阶段尽量对软件结构进行精化，并把软件结构设计和过程设计分开。

4.5 案 例 设 计

针对患者监护系统底层数据流图（图 3-12），画出其软件结构图。

设计过程主要包括三个步骤：具有输入通路和输出通路的患者监护系统数据流图如图 4-15 所示，完成一级分解后得到的患者监护系统的软件结构图如图 4-16 所示，完成二级分解后得到的患者监护系统的软件结构图如图 4-17 所示。

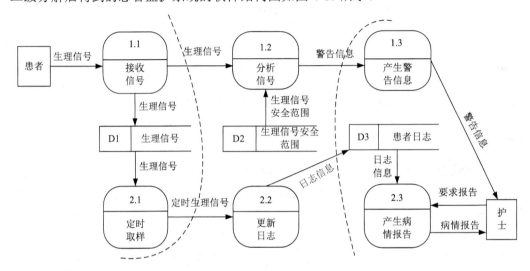

图 4-15 具有输入通路和输出通路的患者监护系统数据流图

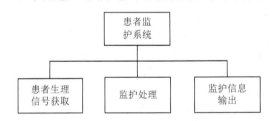

图 4-16 完成一级分解后得到的患者监护系统的软件结构图

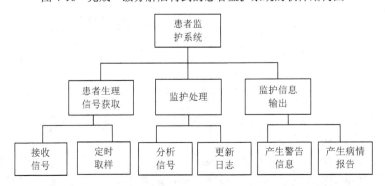

图 4-17 完成二级分解后得到的患者监护系统的软件结构图

习 题

1. 概要设计的主要任务是什么？
2. 模块的内聚性最高的是哪种内聚？
3. 衡量模块独立性的两个标准是什么？它们各表示什么含义？
4. 什么是模块化？模块化的设计准则是什么？
5. 简述概要设计过程应该遵循的基本原理。
6. 什么是扇入、扇出？
7. 如何设计软件系统结构？

第 5 章　详 细 设 计

详细设计阶段的根本目标是"应该怎样具体地实现目标系统",即要求逻辑上正确地实现每个模块的功能并使编写的程序易理解、易测试、易修改和易维护。详细设计阶段的任务并不是具体地编写程序,而是要求设计出程序的"蓝图",帮助程序员写出高质量的程序代码。结构程序设计是实现上述目标的关键技术,是进行详细设计的逻辑基础。通常采用过程设计的工具进行模块的设计。

5.1　详细设计的任务

详细设计的主要任务有以下四点。

5.1.1　确定每个模块的具体算法

过程设计应该在数据设计、体系结构设计和接口设计完成之后进行,它的主要任务是设计解题的详细步骤,即算法设计,是详细设计阶段应完成的主要工作。过程设计的工具分为图形、表格、语言三类。这三类设计工具各有所长,在设计时要根据具体的情况选用适当的工具,将每个模块处理过程的详细算法描述出来。

5.1.2　确定每个模块的内部数据结构及数据库的物理结构

对于每个模块的内部数据结构,应按照需求分析、总体设计确定的概念性的数据类型进行确切的定义;对于确定数据库的物理结构,即为数据结构进行物理设计。物理结构主要指数据库的存储记录格式、存储记录安排和存储方法,这些都依赖于具体所使用的数据库系统。

5.1.3　确定模块接口的具体细节

确定模块接口的具体细节包括系统外部的接口和用户界面,对系统内部其他模块的接口,以及模块的输入数据、输出数据及局部数据的全部细节,同时也为每一个模块设计出一组测试用例,以便在编码阶段对模块代码(即程序)进行预定的测试。

5.1.4　编写文档,进行复审

在详细设计阶段,要设计出程序的详细设计说明书。详细设计说明书的作用类似于工程领域中工程师经常使用的工程蓝图,它们包含必要的细节,程序员可以根据它们编写程序代码。在设计完成后,还要对设计的结果进行严格的审查和复审。

5.2 人机界面设计

人机界面又称用户界面或使用者界面，是人与计算机之间传递、交换信息的媒介和对话接口，是计算机系统的重要组成部分，是系统和用户之间进行交互和信息交换的媒介，用于实现信息的内部形式与人类可以接收的信息形式之间的转换。人机界面设计是接口设计的一个重要组成部分。近年来，人机界面在系统中占的比例越来越大，在个别系统中设计工作量甚至占总设计量的一半以上。人机界面的设计质量，直接影响用户对软件产品的评价。

5.2.1 设计问题与设计过程

在设计人机界面的过程中，总会遇到以下四个问题：系统响应时间、用户帮助设施、出错信息处理和命令交互。然而，许多设计者经常到设计后期才开始考虑这些问题，这样做往往会导致出现不必要的设计反复、项目延期和用户产生挫折感。所以要在设计初期就把这些问题作为重要的设计问题来考虑，这时修改比较容易、代价也低。下面讲解这四个设计问题。

1. 系统响应时间

系统响应时间是指从用户完成某个控制动作到软件给出预期的响应之间的这段时间。

系统响应时间有两个重要属性，分别是长度和易变性。如果系统响应时间过长，用户就会感到不耐烦。但是，当用户工作速度由人机界面决定时，系统响应时间过短也会带来一定的问题，这会迫使用户加快操作节奏，从而可能会产生一些其他的错误。易变性指系统响应时间相对于平均响应时间的偏差，在许多情况下，这是系统响应时间的相对更重要的属性。即使系统响应时间较长，响应时间易变性低也有助于用户建立稳定的工作节奏。

2. 用户帮助设施

用户帮助设施包括集成的帮助设施（对用户工作内容敏感）和附加的帮助设施（查询能力有限的联机用户手册）两类。

集成的帮助设施是从一开始就设计在软件中的，通常它对用户工作内容很敏感，因此用户可以从与刚刚完成的操作有关的主题中选择一个请求帮助。附加的帮助设施是在系统建成后添加到软件中的，它实际上是一种查询能力有限的联机用户手册。人们普遍认为，集成的帮助设施优于附加的帮助设施。

3. 出错信息处理

出错信息处理是指出现问题时交互式系统给出的"坏消息"。

一般来说，交互式系统给出的出错信息或警告信息具有以下属性。

1）信息应使用用户可以理解的术语描述问题。

2）信息应该指出错误可能导致哪些负面后果，如破坏数据文件。

3）信息不能带有指责色彩，也就是说不能责怪用户。

4）信息应该伴随着听觉上或视觉上的提示，如在显示信息时同时发出警告铃声，或者信息用闪烁方式显示，或者信息用明显表示出错的颜色显示。

5）信息应该提供有助于从错误中恢复的建设性意见。

4. 命令交互

命令交互是指多媒体（图、文、声、光）、自定义宏指令、CTRL等。

命令行曾是用户和系统软件交互最常用的方式，也曾广泛应用于各种应用软件。目前，面向窗口的、单击和拾取方式的界面已经大大减少了用户对命令行的依赖，但是，也有许多高级开发人员仍然偏爱面向命令行的交互方式。因此所要设计系统的命令交互，既可以让用户从菜单中选择软件功能，也可以通过键盘命令序列调用软件功能。

用户界面设计是一个迭代的过程，即先创建设计模型，再用原型实现该设计模型，并由用户试用和评估，然后根据用户的意见进行修改。为了支持上述的迭代过程，各种用于界面设计和原型开发的软件工具应运而生，这些工具为简化窗口、菜单、设备交互、出错信息、命令及交互环境的许多其他元素的创建，提供了各种例程或对象。用户界面设计一般包括以下两个方面。

1）采集目标用户习惯的交互方式。不同类型的目标用户有不同的交互习惯。这种习惯的交互方式往往来源于其原有的针对现实的交互流程、已有软件工具的交互流程。

2）提示和引导用户。软件是用户的工具，因此应该由用户来操作和控制软件。对于用户交互的结果和反馈，提示用户结果和反馈信息，引导用户进行下一步操作。

5.2.2 人机界面设计指南

人机界面设计主要依靠设计者的经验。通过总结多数设计者的经验，得出一般交互指南、信息显示指南和数据输入指南三类人机界面设计指南。

1. 一般交互指南

一般交互指南涉及信息显示、数据输入和系统整体控制。这类指南是全局性的，忽略它们将承担较大风险。

1）一致性。为人机界面中的菜单选择、命令输入、数据显示及众多其他功能，使用一致的格式。

2）确认。在执行有较大破坏性的动作之前要求用户确认。

3）UNDO。允许用户取消绝大多数操作。

4）易记。应该尽量减少记忆量。

5）层次。按功能对动作分类，并据此设计屏幕布局。

6）通过多媒体反馈。应向用户提供视觉和听觉的反馈，以建立双向通信。

2. 信息显示指南

如果人机界面显示的信息不够完整、含糊或用户无法理解，则不能满足用户的需要，因此提出了以下设计指南。

1）可实用性。使用简单；用户界面中所用术语的标准化和一致性；具有 HELP（帮助）功能；快速的系统响应和较低的系统成本。

2）灵活性。提供不同的系统响应信息（多媒体）；根据用户需求制定和修改界面。

3）界面的复杂性与可靠性。复杂性：界面规模及组织应该越简单越好。只显示与当前工作内容相关的信息。使用窗口分隔不同类型的信息。可靠性：用户界面应该能够保证用户正确、可靠地使用系统，保障程序及数据的安全。

3. 数据输入指南

数据输入界面是系统的重要组成部分，用户的大部分时间都用在选择命令、输入数据和向系统提供输入上。在许多应用系统中，键盘仍然是主要的输入介质，但是，鼠标、数字化仪和语音识别系统正迅速地成为重要的输入手段，所以提出了以下关于数据输入的设计指南。

1）尽量减少用户的输入动作。最重要的是减少击键次数，这可以通过下列方法实现：用鼠标从预定义的一组输入中选一个输入；用"滑动标尺"在给定的值域中指定输入值；利用宏把一次击键转变成更复杂的输入数据集合。

2）消除冗余的输入。除非可能发生误解，否则不要要求用户指定输入数据的单位，尽可能提供默认值，不要要求用户提供程序可以自动获得或计算出来的信息。

3）保持信息显示和数据输入之间的一致性。显示的视觉特征（如文字大小、颜色和位置）应该与输入域一致。

4）允许用户自定义输入。专家级的用户可能希望定义自己专用的命令或略去某些类型的警告信息和动作确认，人机界面应该为用户提供这样做的机制。

5）让用户控制交互流。用户应能跳过不必要的动作，改变所需做的动作的顺序，以及在不退出程序的情况下从错误状态中恢复正常。

6）交互应该是灵活的，并且可调整成用户喜欢的输入方式。

5.3　过程设计的工具与结构程序设计

过程设计是设计模块的详细步骤（算法），是详细设计阶段应完成的主要工作。过程设计的工具是描述程序处理过程的工具，包括图形类：程序流程图、盒图（Nassi-Shneiderman 图，N-S 图）、问题分析图（problem analysis diagram，PAD）；树、表类：判定表和判定树；语言类：过程设计语言（program design language，PDL），也称伪码。

采用过程设计的工具进行程序设计时，需要采用结构化的程序设计方法，以提高程序设计的质量，结构程序设计是详细设计的逻辑基础。

5.3.1　过程设计的工具

1. 程序流程图

美国国家标准学会（American National Standards Institute，ANSI）规定了一些常用

的程序流程图符号，如图 5-1 所示。需要注意的是，一个菱形判断框有两个出口，而控制结构本身只有一个出口，因此不要将菱形框的出口和控制结构的出口混淆。

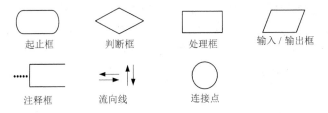

图 5-1　常用的程序流程图符号

基于程序流程图的三种基本的控制结构如图 5-2 所示。

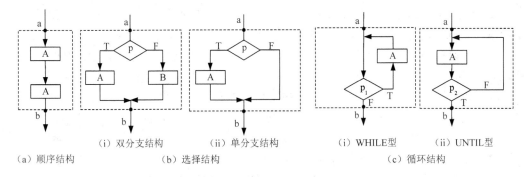

图 5-2　基于程序流程图的三种基本的控制结构

　　图 5-2 中每种控制结构本身也可以看作是一个"单入单出"的代码块，图中有模块 A 和模块 B，p、p_1、p_2 均为判定条件。

　　程序流程图的优点：对控制流程的描绘简明直观、易于理解，便于初学者掌握。

　　程序流程图的缺点：程序流程图本质上不是逐步求精的优选工具；程序流程图中用箭头代表控制流，因此程序员不受任何约束；程序流程图不易表示数据结构；程序流程图中嵌套的条件选择表示不清。

　　对程序流程图改进的工具：采用 PAD 图实现逐步求精、易表示数据结构；采用 N-S 图解决程序流程图中无控制流的随意跳转问题；采用判定树和判定表来清晰地表示嵌套的条件选择。

2. N-S 图

为了避免程序流程图在描述程序时随意跳转,可用 N-S 图代替程序流程图。N-S 图由且仅由顺序、选择、循环三种基本结构组成,基本符号如图 5-3 所示。

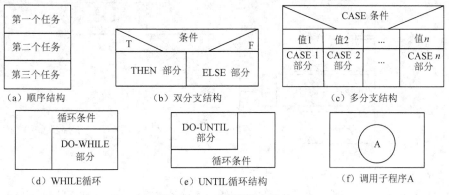

图 5-3 N-S 图的基本符号

N-S 图的特点:功能域(一个特定控制结构的作用域)明确,可以从 N-S 图中看出;很容易确定局部和全局数据的作用域;也很容易表现嵌套关系,同时也能表示模块的层次结构;盒图没有箭头,不能随意转移控制。

> **课堂思考题**
>
> 用 N-S 图表示输出 10 个商品中重量小于 15kg 的商品重量。
> **答案**:略。

3. PAD 图

PAD 图除了自上而下外,还从左向右展开,使用二维树形结构图表示程序的控制流,基本符号如图 5-4 所示。PAD 图可以较容易地转换为程序代码。

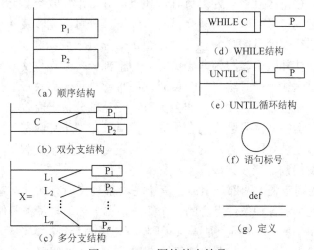

图 5-4 PAD 图的基本符号

【例 5-1】用 PAD 图表示输出 10 个商品中重量小于 15kg 的商品重量，如图 5-5 所示。该图中输入数组 g 中存储了商品的重量信息。

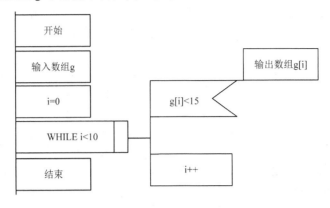

图 5-5　PAD 图举例

PAD 图的特点：能展现算法的层次结构；表示形式直观易懂；既可用于表示程序逻辑，又可用于描述数据结构；支持自顶向下，逐步求精的过程；容易转换为高级语言源程序。

4. 判定表

当算法中包含多重嵌套的条件选择时，用程序流程图、N-S 图、PAD 图和后面即将介绍的 PDL 都不易清楚地描述，此时可选用判定表，它能够清晰地表示复杂的条件组合与应做的动作之间的对应关系。

下面以第 3 章的商品销售派单系统中商品运费算法为例说明判定表的组织方法。假设该商品销售部门规定如下。

1）商品重量不超过 15kg，免运费。

2）当商品重量超过 15kg 时，按下列标准进行：

对在节假日运往市区且客户为会员时，超重部分每千克收费 3 元；

对在节假日运往市区且客户为非会员时，超重部分每千克收费 4 元；

对在节假日运往郊区且客户为会员时，超重部分每千克收费 5 元；

对在节假日运往郊区且客户为非会员时，超重部分每千克收费 6 元；

对在非节假日运往市区且客户为会员时，超重部分每千克收费 2 元；

对在非节假日运往市区且客户为非会员时，超重部分每千克收费 3 元；

对在非节假日运往郊区且客户为会员时，超重部分每千克收费 3 元；

对在非节假日运往郊区且客户为非会员时，超重部分每千克收费 4 元。

计算商品运费的判定表设计如图 5-6 所示。

图 5-6 所示的判定表由四部分组成。其中左上部列出所有条件，左下部是所有可能的动作，右上部是表示各种条件组合的一个矩阵，右下部是与每种条件组合相对应的动作。判定表右半部的每一列实质上是一条规则，规定了与特定的条件组合相对应的动作。

图 5-6 中共有 9 个规则，其中执行规则 2 表示：当在节假日运往市区且客户为会员

时，执行的动作为左下部的（W-15）×3，代表所需要支付的运费，其他条件组合执行各自相对应的动作。

		规则								
		1	2	3	4	5	6	7	8	9
左上部列出所有条件	节假日	T	T	T	T	F	F	F	F
	市区	T	T	F	F	T	T	F	F
	会员	T	F	T	F	T	F	T	F
	商品重量W≤15kg	T	F	F	F	F	F	F	F
左下部是所有可能的动作	免运费	X								
	（W-15）×2								X	
	（W-15）×3		X					X	X	
	（W-15）×4			X						X
	（W-15）×5				X					
	（W-15）×6					X				

一张判定表由四部分组成

右上部是表示各种条件组合的一个矩阵

右下部是与每种条件组合相对应的动作

判定表右半部的每一列实质上是一条规则，规定了与特定的条件组合相对应的动作。

图 5-6　计算商品运费的判定图

注：T 和 F 表示逻辑值真和假。

判定表的特点：能简洁且无歧义地描述处理规则，但直观性不够。

5. 判定树

判定表虽然能清晰地表示复杂的条件组合与应做动作之间的对应关系，但其含义却不是一眼就能看出来的，初次接触这种工具的人理解它需要有一个简短的学习过程。判定树是用来表达加工逻辑的一种工具。比判定表更直观，是一种常用的系统分析和设计工具。仍以商品销售派单系统为例，计算某商品运费的判定树如图 5-7 所示，图中叶子结点的公式表示某商品运费。

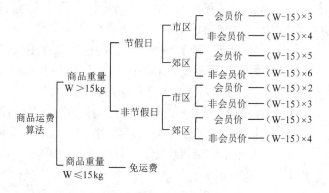

图 5-7　计算商品运费的判定树

判定树是判定表的变种，也能清晰地表示复杂的条件组合与应做动作之间的对应关系。

判定树的优点：形式简单，易于掌握和使用。

判定树的缺点：虽然判定树比判定表更直观，但简洁性却不如判定表，数据元素的同一个值往往要重复写多遍，而且越接近树的叶子结点重复次数越多。

此外，从图5-6还可以看出，画判定树时分支的次序可能对最终画出的判定树的简洁程度有较大影响，在该例子中如果不是把"会员价"作为最后一个分支，而是将它作为第一个分支，则画出的判定树将有16个叶子结点而不是9个叶子结点，显然判定表并不存在这样的问题。

6. PDL

PDL是一种非形式化、比较灵活的混杂语言。用于描述模块内部过程的具体算法，以便在开发人员之间比较精确地进行交流。

PDL的优点：可以作为注释直接插入源程序中，有利于PDL和源程序保持一致；PDL编写方便；可以由自动处理程序将PDL生成程序代码。

PDL的缺点：不如图形工具形象直观；描述复杂的条件组合与动作间的对应关系时，不如判定表清晰简单。

5.3.2 结构程序设计

详细设计需要采用上述过程设计的工具来设计第4章中每个模块的算法，采用结构程序设计是实现详细设计目标的关键技术，因此也是详细设计的逻辑基础。经典的结构程序设计要求程序的代码块仅通过顺序、选择和循环这三种基本的控制结构（图5-2）进行连接，并且每个代码块只有一个入口和一个出口，其中三种基本控制结构的连接组合可以实现各类逻辑结构，"单入单出"结构使程序代码容易阅读、理解和测试。在1966年Böhm和Jacopini已证明：这三种基本的控制结构（顺序、选择、循环）就能实现任何单入口单出口的程序。由三种基本结构顺序组成的程序可以解决任何复杂的问题，程序内不存在无规律的转向，只在基本结构内才允许存在分支和向前或向后的跳转。三种基本的控制结构都只有一个入口和一个出口，结构内的每一部分都有机会被执行到，结构内不存在"死循环"（无终止的循环）。注意：结构程序设计应尽可能少用Go To语句，因为程序的质量与程序中所包含的Go To语句的数量成反比。

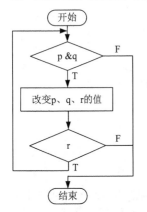

图5-8　结构程序设计示例

【例5-2】图5-8给出的程序流程图代表一个非结构化的程序，假定变量p、q、r已经具有初始值。请分析：

1）为什么说它是非结构化的程序？

2）设计一个等价的结构化程序。在该设计中使用附加的标志变量flag了吗？若没用，请再设计一个使用flag的程序；若用了，请再设计一个不用flag的程序。

回答：

1）图5-8中程序的循环控制结构有两个出口，显然不符合上述结构程序设计的定义，因此是非结构化程序。

2）使用了flag和没有使用flag的结构程序设计分别如图5-9和图5-10所示。

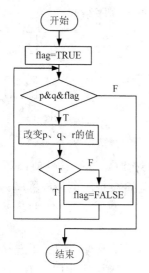

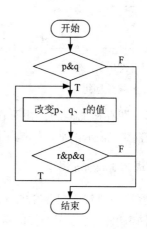

图 5-9 使用了 flag 的结构程序设计   图 5-10 没有使用 flag 的结构程序设计

5.4 面向数据结构的设计方法

在许多应用领域中信息都有清楚的层次结构，输入数据、内部存储的信息（数据库或文件）以及输出数据都可能有独特的结构。数据结构既影响程序的结构又影响程序的处理过程，重复出现的数据通常由具有循环控制结构的程序来处理，选择数据（既可能出现也可能不出现的信息）要用带有分支控制结构的程序来处理。层次的数据组织通常和使用这些数据的程序的层次结构十分相似。

面向数据结构的设计方法的最终目标是得出对程序处理过程的描述。这种设计方法并不明显地使用软件结构的概念，模块是设计过程的副产品，对于模块独立原理也没有给予应有的重视。因此，这种方法最适合在详细设计阶段使用，也就是说，在完成软件结构设计之后，可以使用面向数据结构的方法来设计每个模块的处理过程。Jackson 方法是最著名的面向数据结构的设计方法之一。

1. Jackson 图

虽然程序中实际使用的数据结构种类繁多，但是它们的数据元素彼此间的逻辑关系却只有顺序、选择和重复三类，因此，逻辑数据结构也只有这三类。

1）顺序结构。顺序结构的数据由一个或多个数据元素组成，每个数据元素按照确定的顺序出现一次，如图 5-11 所示。

2）选择结构。选择结构的数据包含两个或多个数据元素，每次使用这个数据时按照一定的条件从这些数据元素中选择一个，如图 5-12 所示。

3）重复结构。根据使用时的条件重复结构由一个数据元素出现零次或多次构成，如图 5-13 所示。

Jackson 图的优点：便于表示层次结构，而且是对结构进行自顶向下分解的有力工具；形象直观，可读性好；既能表示数据结构，又能表示程序结构。

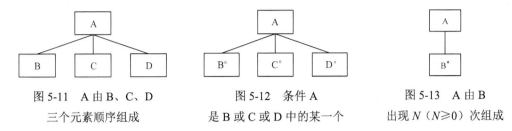

图 5-11　A 由 B、C、D　　　图 5-12　条件 A　　　图 5-13　A 由 B
三个元素顺序组成　　　　　是 B 或 C 或 D 中的某一个　　出现 N（N≥0）次组成

Jackson 图存在的问题：由于在表示选择或重复结构时，选择条件或循环结束条件不能直接在图上表示出来，影响了图的表达能力，不易直接把图翻译成程序。

2. 改进的 Jackson 图

为了解决 Jackson 图存在的问题，对 Jackson 图进行了改进，增加了选择条件 $S(i)$ 和循环条件 $I(i)$，i 是分支条件的编号，如图 5-14 所示。在顺序结构中，B、C、D 中任一个都不能是选择出现或重复出现的数据元素。在选择结构中，$S(i)$ 中的 i 是分支条件的编号。在重复结构中，循环结束条件的编号为 i。

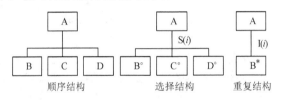

顺序结构　　　　　选择结构　　　　重复结构

图 5-14　改进的 Jackson 图

Jackson 图与其他图的区别如下。

1）Jackson 图是层次方框图的一种精化。

2）Jackson 图与描绘软件结构的层次图形式类似，但含义区别很大。①层次图中的方框代表模块，而 Jackson 图中的方框通常只代表几条语句。②层次图表现的是调用关系，而 Jackson 图表现的是组成关系，即一个方框中包括的操作仅由其下层框中的操作组成。

3. Jackson 方法

Jackson 方法基本由以下五个步骤组成。

1）分析并确定输入数据和输出数据的逻辑结构，并用 Jackson 图描述这些数据结构。

2）找出输入、输出数据结构中有对应关系，即有直接的因果关系的数据单元。

3）采用如下三条规则将描述数据结构的 Jackson 图导出为描绘程序结构的 Jackson 图：①为每对有对应关系的数据单元，按照它们在数据结构图中的层次在程序结构图的相应层次画一个处理框；②根据输入数据结构中剩余的每个数据单元所处的层次，在程序结构图的相应层次分别为它们画上对应的处理框；③根据输出数据结构中剩余的每个数据单元所处的层次，在程序结构图的相应层次分别为它们画上对应的处理框。

4）列出所有操作和条件（包括分支条件和循环结束条件），并且把它们分配到程序结构图的适当位置。

5）用伪码表示程序。Jackson 方法中使用的伪码和 Jackson 图是完全对应的。对图 5-14 改进 Jackson 图的三种结构，伪码如表 5-1 所示。

表 5-1　图 5-14 所示的三种结构的伪码表示

顺序结构伪码	选择结构伪码	重复结构伪码
A seq 　B 　C 　D A end 注意：seq 和 end 是关键字	A select cond1 　B A or cond2 　C A or cond3 　D A end 注意：select、or、end 是关键字，cond1、cond2 和 cond3 分别是执行 B、C、D 的条件	A iter until(或 while) cond 　B A end 注意：iter、until、while 和 end 是关键字，cond 是条件。重复结构有 until 和 while 两种形式

下面通过例 5-3 进一步说明 Jackson 结构程序设计方法。

【**例 5-3**】设有如下商品信息表的数据结构，如图 5-15 所示，根据给定的数据结构，画出 Jackson 图。

图 5-15　商品信息表

基于图 5-15，画出相应的 Jackson 图，如图 5-16 和图 5-17 所示。

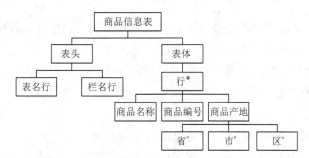

图 5-16　描绘商品信息表的 Jackson 图

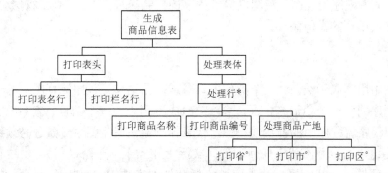

图 5-17　描绘处理商品信息表的程序结构的 Jackson 图

可写出 Jackson 伪码：

```
商品信息  seq
    open 商品信息表
    表头  seq
        打印  表名行
        打印  栏名行
            表头  end
    表体  iter until  文件结束
        表行  seq
            打印  商品名称
            打印  商品编号
            商品产地  seq
                打印  省
                打印  市
                打印  区
            商品产地  end
        表行  end
    表体  end
    close  商品信息表
商品信息  end
```

5.5 程序复杂程度的定量度量——McCabe 方法

本节主要对详细设计出来的模块质量进行定量度量。定量度量程序复杂程度的方法很有价值，把程序的复杂程度乘以适当常数即可估算出软件中错误的数量以及软件开发需要的工作量，定量度量的结果可以用来比较两个不同的设计或两个不同算法的优劣，程序的定量的复杂程度可以作为模块规模的精确限度。下面将着重介绍使用较为广泛的McCabe 方法。

McCabe 方法根据程序控制流的复杂程度定量度量程序的复杂程度，这样度量出的结果被称为程序的环形复杂度。为了突出表示程序的控制流，人们通常使用流图，即一种"退化了的"程序流程图。流图仅描绘程序的控制流程，完全不表现对数据的具体操作以及分支或循环的具体条件。

1. 流图

在流图中用圆表示结点，一个圆代表一条或多条语句。程序流程图中的一个顺序结构的处理框序列和一个菱形判定框，可以映射成流图中的一个结点。流图中的箭头线称为边，它和程序流程图中的箭头线类似，代表控制流。在流图中一条边必须终止于一个结点，即使这个结点并不代表任何语句（实际上相当于一个空语句）。由边和结点围成的面积称为区域，当计算区域数时应该包括图外部未被围起来的那个区域。图 5-18 是将具有简单条件的商品销售派单系统"生成派单"模块的计算商品运费的 PDL 翻译成流图的举例。

计算商品运费的**PDL**
1: cost=0   if 商品重量W>15kg
2:    if 节假日
3:      if 市区
4:        if 会员价
5:            cost= (W−15)×3
else
6:            cost= (W−15)×4
7:      elseif
else
8:        if 会员价
9:            cost= (W−15)×5
else
10:           cost= (W−15)×6
11:     elseif
elseif
else
12:    if 市区
13:      if 会员价
14:          cost= (W−15)×2
else
15:          cost= (W−15)×3
16:     elseif
else
17:      if 会员价
18:          cost= (W−15)×3
else
19:          cost= (W−15)×4
20:     elseif
elseif
elseif
21: elseif

（a）伪码

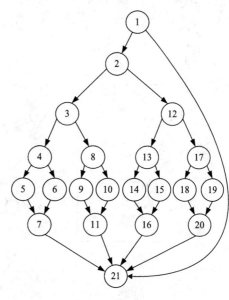

（b）伪码对应的程序流程图

图 5-18 由 PDL 翻译成的流图

2. 基于流图计算环形复杂度

环形复杂度用于定量度量程序的逻辑复杂度，针对流图 G，有三种计算环形复杂度的方法。

1）流图中的区域数等于环形复杂度。

2）环形复杂度 $V(G)=E-N+2$。其中，E 是流图中边的条数，N 是结点数。

3）环形复杂度 $V(G)=P+1$。其中，P 是流图中判定结点的数目。

针对图 5-18，应用上述三种方法进行环形复杂度计算。

1）从图 5-18 中可以看出该流图中的区域数为 9。

2）$V(G)=E-N+2=28-21+2=9$。

3）$V(G)=P+1=8+1=9$。

通过三种方法的计算可得到相同的数字，说明计算的结果是一致的。

当模块算法的过程设计中包含复合条件时［所谓复合条件，就是在条件中包含了一个或多个布尔运算符（OR，AND，NAND，NOR）］，在这种情况下，应该把复合条件分解为若干个简单条件，每个简单条件对应流图中一个结点。包含条件的结点称为判定结点，从每个判定结点引出两条或多条边。图 5-19 是由包含复合条件的 PDL 翻译成的流图。图 5-19（a）中的伪码条件 a and b and c 对应的流图为图 5-19（b）；如果将图 5-19（a）中的伪码条件改为 a or b or c，则对应的流图为图 5-19（c）；如果将图 5-19（a）中的伪码条件改为 a and b or c，则对应的流图为图 5-19（d）；如果将图 5-19（a）中的伪码条件改为 a or b and c，则对应的流图为图 5-19（e）。由于符合条件分解成的简单条件均为 a、b、c，因此图 5-19（b）～（e）所示的流图的环形复杂度是相同的，均为 4。

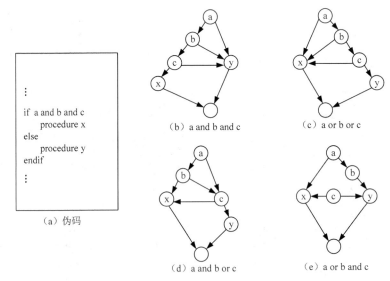

图 5-19　由包含复合条件的 PDL 翻译成的流图

3. 环形复杂度的用途

当程序内分支数或循环个数增加时，环形复杂度也随之增加，因此它是对测试难度的一种定量度量，也能对软件最终的可靠性给出某种预测。环形复杂度高的程序往往是比较困难、容易出问题的程序。实践表明，模块规模以 $V(G)\leqslant10$ 为宜。

【例 5-4】基于结构程序设计思想和过程设计的工具，设计图 4-13 所示的商品销售派单系统软件结构图中"生成派单"模块的 IPO 表（图 5-20）。

由图 4-13 可知，"生成派单"模块的被调用模块是"销售派单处理控制"，并且"生成派单"模块没有调用其他模块，也就意味着该模块的调用模块为"无"。由表 3-5 可知，"生成派单"模块的输入需要订单信息和商品信息，包括商品编号、库存量、重量等，该模块的输出是派单信息。

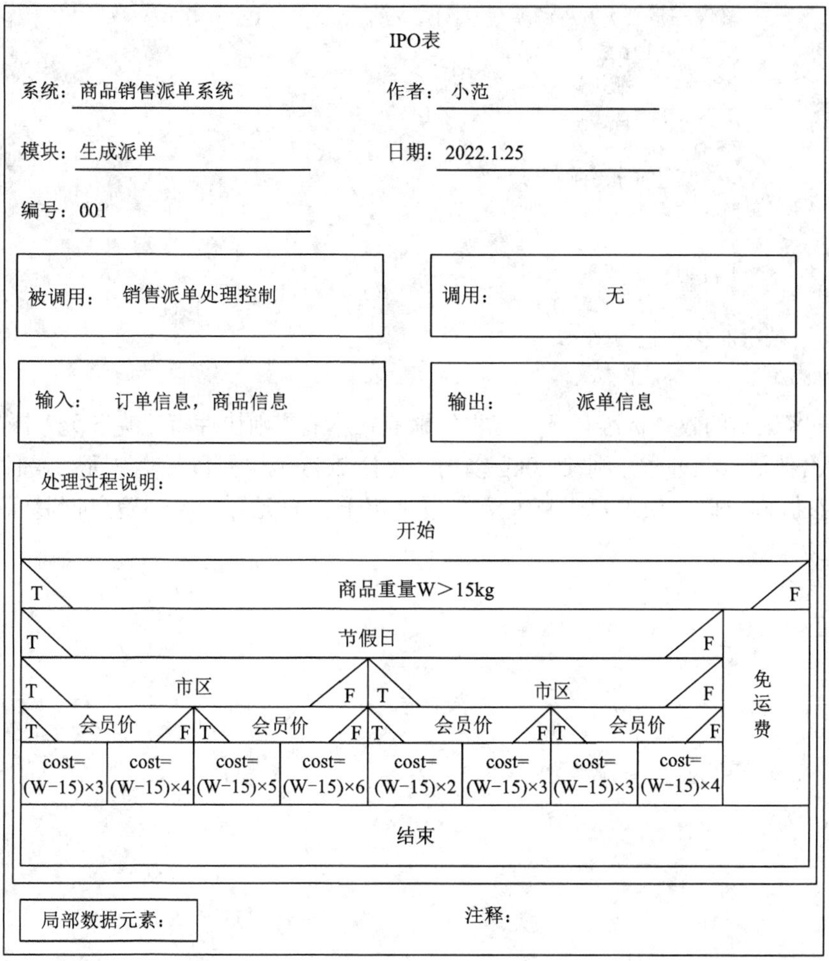

IPO表

系统：商品销售派单系统　　　　　作者：小范

模块：生成派单　　　　　　　　　日期：2022.1.25

编号：001

被调用：	销售派单处理控制	调用：	无

输入：	订单信息，商品信息	输出：	派单信息

处理过程说明：

开始							
T 商品重量W＞15kg F							
T 节假日 F							免运费
T 市区 F		T 市区 F					
T 会员价 F	T 会员价 F	T 会员价 F	T 会员价 F				
cost=(W-15)×3	cost=(W-15)×4	cost=(W-15)×5	cost=(W-15)×6	cost=(W-15)×2	cost=(W-15)×3	cost=(W-15)×3	cost=(W-15)×4
结束							

局部数据元素：　　　　　　　　　　　注释：

图 5-20　IPO 表

习　　题

1. 试比较本章所讲的几种详细设计工具的优缺点。
2. 说明详细设计的基本原则与任务。
3. 改进的 Jackson 图和传统的 Jackson 图相比有什么优点？
4. 人机界面设计应该遵循什么原则？
5. 概要设计和详细设计有什么必然的联系？
6. 面向数据流的设计方法和面向数据结构的设计方法有什么区别？
7. 将下面的伪码转换为 N-S 图和 PAD 图。

```
void func(float root1,float root2){
    i=1;
    j=0;
    WHILE(i<=9){
```

```
输入一元二次方程的系数 a、b、c;
p=b*b-4*a*c;
IF(p<0) 输出"方程 i 无实数根";
ELSE IF(p>0)  求出根并输出;
IF(p==0){
    求出重根并输出;
        j=j+1;
}
i=i+1;
}
输出重根的方程的个数 j;
}
```

8. 某客运站的收费标准如下：若收件地点在本省，则快件每千克 5 元，慢件每千克 3 元。若收件地点在外省，则在 20kg 以内（包括 20kg）快件每千克 7 元，慢件每千克 5 元；当超过 20kg 时，快件每千克 9 元，慢件每千克 7 元。请绘制确定收费标准的判定表和判定树。

第 6 章 实　　现

实现包括编码和测试两个阶段。

程序的质量主要取决于设计的质量，但是编码使用的语言，特别是编写程序的风格和途径对程序质量有相当大的影响。

软件测试是保证软件可靠性的主要手段，其根本任务是发现并改正软件中的错误。软件测试通常可分为单元测试、集成测试和验收测试三个基本阶段。

动态测试方法分为白盒测试和黑盒测试。两者都是软件测试的基本方法，这两种方法各有所长、相互补充。通常在测试的早期用白盒测试，在后期使用黑盒测试。设计白盒测试方案的技术主要有逻辑覆盖、控制结构测试；设计黑盒测试方案的技术主要有等价划分法、边界值分析法和错误推测法。

6.1　编　　码

编码就是把之前得到的软件设计结果用某种程序设计语言翻译成可执行的计算机程序。编码过程主要需要考虑以下两个方面。

6.1.1　选择适宜的程序设计语言

选择适宜的程序设计语言能有效帮助程序员降低编码时出错的可能，减少程序测试工作量，得到更容易阅读和维护的高质量程序。选择开发语言应该从多方面考虑，以下是一些主要的实用准则。

1）用户要求。如果所开发的系统由用户负责维护，用户通常要求使用他们熟悉的语言开发。

2）可以使用的编译工具。运行目标系统的环境中可以提供的编译工具往往限制了可以选用的语言的范围。

3）可以得到的软件工具。如果某种语言有支持程序开发的软件工具可以利用，则目标系统的实现和验证就会变得比较容易。

4）程序员已有技能。虽然对有经验的程序员来说，学习一种新语言并不困难，但是要完全掌握一种新语言还是需要付出一定的时间成本和试错成本。对于一个商业项目而言，如果非必要，还是应该选择程序员熟悉的语言，防止不必要的损失。

5）软件跨平台要求。如果目标开发的软件系统需要在不同的操作系统或运算平台上运行，或者预期的使用寿命很长，那么选择一种标准化程度高、程序可移植性好的编程语言就显得很重要。

6）软件的应用范围。不同的程序设计语言有不同的特性和工具集，对应适用于不同领域。例如，Java 语言适用于 Web 端开发；C 语言适用于对实时性要求较高的系统和控制程序开发；Python 语言适用于数据分析和人工智能领域原型系统开发。因此，选择语言时，应该充分考虑系统的应用领域。

6.1.2 遵循合理的编码风格

为了保障程序源代码的逻辑简明清晰、易读易懂，在编码过程中需要遵循规范，即编码风格。不同的语言有不同的官方编码风格指南，但一般都会包括以下五方面的要求。

1. 程序内部的文档

程序内部的文档包括标识符名称、程序注释和程序视觉组织三方面。

1）标识符名称包括模块名、变量名、常量名、标号名、子程序名和缓冲区名等。应该选取含义明确的名字，使它能正确反映所代表的实体。例如，表示"次数"的量用 Times，表示"总量"的用 Total，表示"平均值"的用 Average，表示"和"的量用 Sum 等。名字不是越长越好，应当选择精练的、含义明确的名字。必要时可使用缩写名字，但要注意缩写规则要一致，并且要给每个名字加注释。同时，在一个程序中，一个变量只用于一种用途。

2）程序注释是程序员与程序读者之间通信的重要手段，分为序言性注释和功能性注释。标注注释时，应该注意用缩进或空行使注释与程序区分开。注释绝不是可有可无的，在一些正规的程序文本中，注释行的数量会占到整个源程序的 1/3～1/2，甚至更多。

序言性注释通常置于每个程序模块的开头部分，它应当给出程序的整体说明，对于理解程序本身具有引导作用。序言性注释包括：程序标题；有关本模块功能和目的的说明；主要算法；接口说明（包括调用形式、参数描述、子程序清单）；有关数据描述（重要的变量及其用途，约束或限制条件，以及其他有关信息）；模块位置（在哪一个源文件中，或隶属于哪一个软件包）；开发简史（模块设计者、复审者、复审日期、修改日期及有关说明等）。

功能性注释嵌在源程序体中，用于描述其后的语句或程序段的功能。例如：
```
/* ADD AMOUNT TO TOTAL */
    TOTAL = AMOUNT＋TOTAL
```
上面注释不清楚，如果注明把月销售额计入年度总额，就会使读者理解下面语句的意图：
```
/* ADD MONTHLY-SALES TO ANNUAL-TOTAL */
    TOTAL = AMOUNT＋TOTAL
```
要点：注释要正确；描述一段程序，而不是每一个语句；用缩进和空行，使程序与注释区分开。

3）程序视觉组织指程序代码的布局，应该利用空格、换行、缩进等操作形成适当的阶梯形式程序代码，使层次结构清晰明显。这在多分支选择结构或深层嵌套循环结构的代码布局中尤其重要。

2. 数据说明

为了使程序中数据说明更易于理解和维护，数据说明必须注意以下几点。

1）数据说明的次序应该标准化。有次序的优点：易查阅、测试、调试和维护。例如，常量说明、简单变量类型说明、数组说明、公用数据块说明。

2）当多个变量名在一个语句中说明时，应该按字母顺序排列这些变量。

3）如果设计时使用了一个复杂的数据结构，则应该用注释说明使用程序设计语言实现该数据结构的方法和特点。

3. 语句构造

1）每个语句都应该简单而直接，不能为了提高效率而使程序变得过分复杂。例如，下面左侧和右侧的代码功能是相同的，但是左侧的程序复杂，右侧的程序虽然多了一个中间变量，但是更容易理解，建议编码人员采用语句构造方式。

```
A[I] = A[I]+A[T];          WORK = A[T];
A[T] = A[I]-A[T];          A[T] = A[I];
A[I] = A[I]-A[T];          A[I] = WORK;
```

2）不要刻意追求技巧性，使程序编写得过于紧凑。

例如：

```
int i, j;
    for ( i = 1; i <= n; i++ )
    for ( j = 1; j <= n; j++ )
    V[i][j] = ( i/j ) * ( j/i )
```

应改成如下容易理解的语句：

```
for ( i=1; i <= n; i++ )
    for ( j=1; j <= n; j++ )
        if ( i == j )
                V[i][j] = 1;
        else
                V[i][j] = 0;
```

此外，采用下述规则有助于使语句简单明了。

1）不要为了节省空间而把多个语句写在同一行。

2）尽量避免复杂的条件测试。

例如，if (char<0 || !(char<0) && test>9) 改成 if (char < 0 || test > 9)。

3）尽量减少对"非"条件的测试。

例如，if (!(char<0 || char>9)) 改成 if (char >= 0 && char <= 9)。

4）避免大量使用循环嵌套和条件嵌套。

5）利用括号使逻辑表达式或算术表达式的运算次序清晰直观。

例如，if ((char<0) || (str<0) && (test>9))。

4. 输入输出

在设计和编写程序时应该考虑下述有关输入输出风格的规则。

1）对所有的输入数据都要进行检验，识别错误的输入，以保证每个数据的有效性。

2）检查输入项的各种重要组合的合理性，必要时报告输入状态信息。

3）使输入的步骤和操作尽可能简单，并保持简单的输入格式。

4）输入一批数据时，最好使用输入结束标志，而不要由用户指定输入数据数目。

5）在交互式输入时，要在屏幕上使用提示符明确提示交互输入的请求，指明格式和取值范围。

6）给所有的输出加注释，并设计输出报表格式。

5. 程序效率

程序效率主要是指程序的执行时间和程序所需占用的内存存储空间两方面。

1）程序效率的准则：①效率是一个性能要求，应当在需求分析阶段给出；②软件效率以需求为准，不应以人力所及为准；③良好的设计可以提高效率；④程序的效率与程序的简单性相关，不要牺牲程序的清晰性和可读性来提高效率。

2）为了提高程序运行效率，编码时应遵循规则：①编写程序之前先简化算术表达式和逻辑表达式；②仔细研究嵌套的循环，以确定是否有语句可以从内层往外移；③尽量避免使用指针；④不要混合使用不同的数据类型；⑤尽量使用整数运算和布尔表达式。

6.2 软件测试基础

程序的质量主要取决于软件设计的质量。测试的目的是在软件投入生产运行之前，尽可能多地发现软件中的错误。目前，软件测试仍然是保证软件质量的关键步骤，需要注意的是软件测试不仅是对编码的审查，也是对软件规格说明和设计的最后复审。

6.2.1 测试的目标

软件测试的根本目标是尽可能多地发现并排除软件中潜藏的错误，最终把一个高质量的软件系统交给用户使用。格伦福德·J. 迈尔斯（Glenford J. Myers）给出了关于测试的一些定义和规则：测试是为了发现程序中的错误而执行程序的过程；良好的测试方案是极可能发现迄今为止尚未发现的错误的测试方案；成功的测试是发现了至今为止尚未发现的错误的测试。测试决不能证明软件是正确的，也不能证明错误的不存在，只能证明错误的存在。

6.2.2 测试问题和测试准则

1. 测试问题

软件测试问题包括以下五条。

问题一：测试什么？

　　　　——每个部分都测试？

　　　　——测试软件中高风险部分？

问题二：什么时候测试？

问题三：怎样测试？

问题四：由谁执行测试？

　　　　——开发者？

　　　　——单独的测试人员？

　　　　——两方面人员？

问题五：测试应进行到什么程度？

2. 测试准则

　　为了回答软件测试问题，并达到软件测试的目标，设计出有效的测试方案，软件工程师必须深入理解并运用以下软件测试的基本准则。

　　1）回答问题一：测试什么？

　　所有测试都应该能追溯到用户需求，如图 6-1 所示。软件测试不等于程序测试，软件测试应贯穿软件定义与开发的整个期间。需求分析、概要设计、详细设计及程序编码等所得到的文档资料，都应成为软件测试的对象，包括需求规格说明、概要设计说明、详细设计说明、源程序。需要注意的是，每个部分都测试而不是仅测试软件中高风险部分，高风险部分将着重测试。最严重的错误是导致程序不能满足用户需求的那些错误。

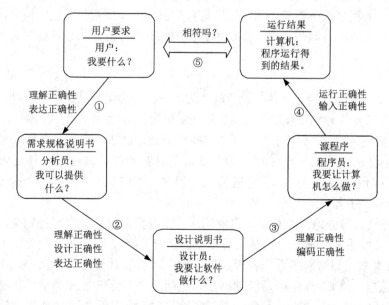

图 6-1　所有测试都应该能追溯到用户需求

　　2）回答问题二：什么时候测试？

应尽早在测试开始前制订出测试计划。应当把"尽早地和不断地进行软件测试"作为软件开发者的座右铭。注意：程序编写的许多错误是"先天的"，据统计，属于需求分析和软件设计的错误约占 64%，属于程序编写的错误仅占 36%。

3）回答问题三：怎样测试？

依照帕累托（Pareto）原则：测试发现的错误中的 80%很可能是由程序中 20%的模块造成的，需要找出这些可疑的模块并彻底地测试它们。应该从"小规模"测试开始，并逐步进行"大规模"测试：单元测试→子系统测试→系统测试。此外，试图把程序所有可能的执行路径都检查一遍的"穷举测试"是不可能的。

4）回答问题四：由谁执行测试？

为了达到最佳的测试效果，应该由独立的第三方从事测试工作。所谓最佳的测试效果，是指有最大可能性发现错误的测试。开发软件的软件工程师并不是完成全部测试工作的最佳人选（通常他们主要承担模块测试工作）。

5）回答问题五：测试应进行到什么程度？

软件的性能要求以需求的性能要求为依据，而不应以人力所及为准。

6.2.3 测试方法

软件测试的策略和方法包括静态测试和动态测试。

1. 静态测试

静态测试包括人工测试方法和计算机辅助静态分析方法。静态测试的基本特征是对软件进行分析、检查和审阅，不实际运行被测试的软件。可以对需求规格说明书、软件设计说明书、源程序做检查和审阅，包括是否符合标准和规范；通过结构分析、流图分析、符号执行指出软件缺陷。静态测试可找出 30%~70%的逻辑设计错误。

2. 动态测试

动态测试需要通过运行软件来检验软件的动态行为和运行结果的正确性。动态测试包括两个基本要素：被测试程序和测试数据（测试用例）。其中，测试用例包括测试用例 ID、目的、前提、输入、预期输出、后果、执行历史、日期、结果、版本和执行人。

1）动态测试方法的执行过程：①选取定义域有效值，或定义域外无效值；②由已选取值获取预期的结果；③用选取值执行程序；④将执行结果与预期的结果相比，不吻合则表示程序有错。

2）动态测试可分为黑盒测试与白盒测试。①黑盒测试：如果已经知道产品应该具有的功能，可以通过测试来检验是否每个功能都能正常使用。在黑盒测试中，完全不考虑程序的内部代码结构和数据处理过程，程序可以被看作一个黑盒子。黑盒测试只在程序接口进行，检查程序的功能完整性，包括三个方面：程序功能是否能按照需求规格说明书的规定正常使用，程序能否适当地接收输入数据并产生正确的输出信息，程序运行过程中外部信息是否完整。因此，黑盒测试又称为功能测试。②白盒测试：如果知道产品的内部工作过程，可以通过测试来检验产品内部动作是否按照需求规格说明书的规定正常进行。与黑盒测试相反，白盒测试的前提是测试者完全了解程序的结构和处理算法，程序可以被看作一个透明的白盒子。这种方法关注程序内部的逻辑结构，检测程序中的主要执行通路能否都按照预定要求正确工作。因此，白盒测试又称为结构测试。

6.2.4　测试步骤

大型软件系统的测试流程以及各步骤的测试对象或特点应该从"小规模"测试开始，并逐步进行"大规模"测试，也就是应按照如下的顺序进行测试。

1）模块测试。在良好的软件系统设计中，每个模块单独完成一个定义清晰的子功能，而且这个子功能和同级模块的功能之间没有相互依赖关系。因此，可以把每个模块作为一个单独的实体来进行测试。模块测试的目的是保证每个模块作为一个单元能正确运行，所以模块测试通常又称单元测试。在这个测试过程中发现的往往是编码和详细设计阶段的错误。

2）子系统测试。子系统测试是把通过单元测试的模块放在一起形成一个子系统来进行测试。这个测试过程中的主要问题是模块相互间的协调和通信，因此，应着重测试模块的接口。

3）系统测试。系统测试是把通过测试的子系统装配成一个完整的系统来进行测试。这个过程涉及三个方面：检查设计和编码的错误；验证系统确实能提供需求说明书中指定的功能；测试系统的动态特性是否符合预定要求。这个测试步骤发现的往往是软件设计中的错误，或者需求规格说明书中的错误。不论是子系统测试还是系统测试，都兼有检测和组装两重含义，一般统称为集成测试。

4）验收测试。验收测试是在用户积极参与下，使用实际数据对系统进行测试。目的是验证系统确实能够满足用户需要，测试过程中发现的往往是系统需求规格说明书中的错误。

5）平行运行。平行运行就是同时运行新开发出来的系统和将被它取代的旧系统，以便比较新旧两个系统的处理结果。这样做的具体目的有：可以在准生产环境中运行新系统而又不冒风险；用户能有一段熟悉新系统的时间；可以验证用户指南和使用手册之类的文档；能够以准生产模式对新系统进行全负荷测试，可以用测试结果验证性能指标。

6.2.5　测试阶段的信息流

图 6-2 描绘了测试阶段的信息流。这个阶段的输入信息有软件配置和测试配置两类。软件配置包括需求规格说明书、软件设计说明书和被测源程序等。测试配置包括测试计划、测试用例和测试驱动程序。所谓测试用例，不仅仅是测试时使用的测试输入数据，还应该包括每组输入数据预定要检验的功能，以及每组输入数据应该得到的预期结果。比较测试得出的测试结果和预期结果，如果两者不一致则很可能是程序有错误。设法确定错误的准确位置并且改正它，即调试排错。

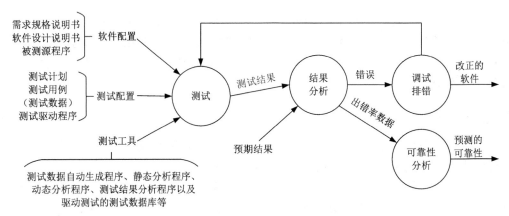

图 6-2 测试阶段的信息流

6.3 单 元 测 试

单元测试集中检测软件设计的最小单元——模块。通常,单元测试和编码属于软件过程的同一个阶段。可以应用人工测试和计算机测试两种不同类型的测试方法,完成单元测试工作。在 C 语言中,要进行测试的单元/模块一般是函数或子过程;在 Java 语言中,要进行测试的基本单元/模块是类。单元测试采用静态测试和动态测试技术均可,两者互相补充。单元测试采用的动态测试主要使用白盒测试,而且对多个模块的测试可以并行地进行。

6.3.1 测试重点

在单元测试期间着重从以下五个方面对模块进行测试。

1)模块接口。模块接口测试是单元测试的基础。只有在数据能正确流入、流出模块的前提下,其他测试才有意义。模块接口测试也是集成测试的重点,这里进行的测试主要是为后面打好基础。测试接口正确与否应该考虑下列因素:输入的实际参数与形式参数的个数是否相同;输入的实际参数与形式参数的属性是否匹配;输入的实际参数与形式参数的量纲是否一致;输入的实际参数与形式参数的次序是否一致;是否存在特征耦合;全局变量的定义和用法在各个模块中是否一致等。

2)局部数据结构。局部数据结构中的错误主要存在于局部数据说明、初始化、默认值等方面,如不合适或不相容的类型说明;变量无初值;变量初始化或缺省值有错;不正确的变量名(拼错或不正确地截断)等。

3)重要的执行通路。由于不能穷举测试,因此,选择最有代表性、最可能发现错误的执行通路进行测试十分关键。在模块中应对每一条独立执行路径进行测试,单元测试的基本任务是保证模块中每条语句至少被执行一次。应该设计测试方案来发现由于错误的计算、不正确的比较或不适当的控制流而造成的错误。

4)出错处理通路。程序在遇到异常情况时不应该退出,好的程序应能预见各种出错条件,并预设各种出错处理通路。如果用户不按照正常操作,程序就退出或者停止工作，实际上也是一种缺陷，因此，单元测试要测试各种错误处理路径。一般这种测试着重检查下列问题：检查对错误的描述是否难以理解；描述错误的信息不足以确定错误的位置；记录的错误与实际遇到的错误不相符；对错误的处理不正确等。

5）边界条件。由于软件常常在它的边界上失效，因此，边界条件测试是单元测试中最重要的任务。边界条件测试是一项基础测试，如处理 n 元数组或循环中的最后一次循环时，往往会出现错误；使用刚好小于、刚好等于和刚好大于最大值或最小值的数据结构、控制量和数据值的测试方案。

6.3.2　代码审查

人工测试源程序由审查小组正式进行，称为代码审查。它是一种非常有效的程序验证技术，对于典型的程序来说，可以查出 30%～70%的逻辑设计错误和编码错误。

审查小组最好由下述四人组成：组长（很有能力的程序员且未直接参与这项工程）、程序的设计者、程序的编写者、程序的测试者。

审查的一般步骤包括：小组成员先研究设计说明书，力求理解这个设计；由设计者扼要地介绍他的设计；审查会上程序的编写者逐条语句解释是怎样用程序代码实现这个设计的；审查会上对照程序设计常见错误清单，分析审查这个程序；当发现错误时，记录错误，继续审查。

审查会还有另外一种常见的进行方法，称为预排。即由一个人扮演"测试者"，其他人扮演"计算机"。会前测试者准备好测试方案，会上由扮演"计算机"的成员模拟计算机执行被测试的程序。

代码审查比计算机测试优越体现在：一次审查会上可以发现许多错误；可以减少系统验证的总工作量。

6.4　集　成　测　试

集成测试是测试和组装软件的系统化技术，主要目标是发现与接口有关的问题。集成测试涉及驱动程序和存根程序。驱动程序（driver）也称作驱动模块，用以模拟被测模块的上级模块，能够调用被测模块。在测试过程中，驱动模块接收测试数据，调用被测模块并把相关的数据传送给被测模块。存根程序也称为桩程序（stub）、桩模块，用以模拟被测模块工作过程中所调用的下层模块。桩模块由被测模块调用，它们一般只进行很少的数据处理。集成测试由模块组装成程序时有两种方法：非渐增式测试、渐增式测试。

6.4.1　非渐增式测试

先分别测试每个模块，再把所有模块按设计要求放在一起结合成所要的程序，这种方法称为非渐增式测试。非渐增式测试把所有模块放在一起，并把庞大的程序作为一个整体来测试，测试者面对的情况十分复杂。测试时会遇到许许多多的错误，改正错误更是极端困难，在庞大的程序中想要诊断定位一个错误是非常困难的，而且改正一个错误后，可能会产生新的错误，如此反复。

6.4.2 渐增式测试

把下一个要测试的模块同已经测试好的那些模块结合起来进行测试，测试完后再把下一个应该测试的模块结合进来测试，这种每次增加一个模块的方法称为渐增式测试。这种方法实际上同时完成了单元测试和集成测试。

渐增式测试与"一步到位"的非渐增式测试相反，它把程序划分成小段来构造和测试，每次将一个要测试的模块同已经测试好的那些模块结合起来进行测试，如此反复，直到所有模块都测试完毕。在这个过程中比较容易定位和改正错误，对接口可以进行更彻底的测试。因此，目前在进行集成测试时普遍采用渐增式测试方法，而渐增式测试方法，又分为自顶向下和自底向上两种集成策略，以及将两种策略结合起来的混合策略。

1. 自顶向下集成

自顶向下集成示意图如图 6-3 所示。图中，从主控制模块开始，沿着程序的控制层次向下移动，逐渐把各个模块结合起来。在把附属于（及最终附属于）主控制模块的模块组装到程序结构中去时，或者使用深度优先的策略，或者使用宽度优先的策略。深度优先的结合方法是先组装在软件结构的一条主控制通路上的所有模块。选择一条主控制通路取决于应用的特点，并且有很大任意性。例如，首先选取左通路，先结合模块 M_1、M_2 和 M_5，再将 M_8 或 M_6 结合进来；然后构造中央的和右侧的控制通路。宽度优先的结合方法是沿着软件结构水平移动，把处于同一控制层次上的所有模块组装起来。对于图 6-3 来说，首先结合模块 M_2、M_3 和 M_4（代替存根程序 S_4），然后结合下一个控制层次中的模块 M_5、M_6 和 M_7，如此继续进行下去，直到所有模块都被结合进来为止。

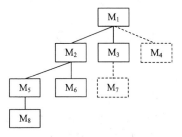

图 6-3　自顶向下集成示意图

把模块结合进软件结构的具体过程由下述四个步骤完成：①对主控制模块进行测试，测试时用存根程序代替所有直接附属于主控制模块的模块；②根据选定的结合策略（深度优先或宽度优先），每次用一个实际模块代替一个存根程序（新结合进来的模块往往又需要新的存根程序）；③在结合进一个模块的同时进行测试；④为了保证加入模块没有引进新的错误，可能需要全部或者部分地重复以前做过的测试。从步骤②开始不断重复进行上述过程，直到构造起完整的软件结构为止。

在自顶向下集成中，为了充分地测试软件系统的较高层次，需要在较低层次上的处理。然而在自顶向下测试的初期，存根程序代替了低层次的模块，因此，在软件结构中没有重要的数据自下往上流。解决办法是：可将测试推迟到用真实的模块代替存根程序以后再进行，或自底向上进行组装软件。

2. 自底向上集成

自底向上集成示意图如图 6-4 所示。图中，自底向上集成从"原子"模块（即在软件结构最底层的模块）开始组装和测试。因为是从底部向上结合模块，总能得到所需的下层模块处理功能，所以不需要存根程序。具体步骤如下：①把低层模块组合成实现某个特定的软件子功能的簇；②编写一个驱动程序，协调测试数据的输入和输出；③对由模块组成的子功能簇进行测试；④去掉驱动程序，沿软件结构自下向上移动，把子功能簇组合起来形成更大的子功能簇。上述第②～④步实质上构成了一个循环。首先把模块组合成簇 1、簇 2 和簇 3，使用驱动程序（图中用虚线方框表示）对每个子功能簇进行测试。簇 1 和簇 2 中的模块附属于模块 M_a，去掉驱动程序 D_1 和 D_2，把这两个簇直接同 M_a 连接起来。类似地，在与模块 M_b 结合之前去掉簇 3 的驱动程序 D_3。最终 M_a 和 M_b 这两个模块都与模块 M_c 结合起来。

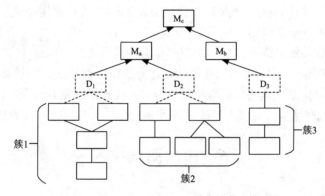

图 6-4　自底向上集成示意图

3. 混合策略

在测试实际的软件系统时，应该根据软件的特点以及工程进度安排，选用适当的测试策略。一般来说，纯粹自顶向下或纯粹自底向上的策略可能都不适用，因此人们在实践中创造出了混合策略。具体来说，就是对软件的顶部两层模块使用自顶向下集成，以减少驱动程序；对软件结构中较下层使用自底向上集成，以便早期发现低层模块的错误，并充分利用人力。这种方法兼有两种方法的优点和缺点，当被测试的软件中关键模块比较多时，这种混合策略可能是最好的折中方法。

6.5　验　收　测　试

验收测试也称为确认测试，其目标是验证软件的有效性。通常，验证是指保证软件正确地实现某个特定要求的一系列活动；而确认是指为了保证软件确实满足用户需求而进行的一系列活动。需求分析阶段产生的需求规格说明书，准确地描述了用户对软件的合理期望，因此是软件有效性的标准，也是进行验收测试的基础。

6.5.1 验收测试的范围

验收测试必须有用户积极参与，或者以用户为主进行。通常在验收之前由开发单位对用户进行培训。

验收测试通常使用黑盒测试。在测试之前，应仔细设计测试计划和测试过程。测试计划包括要进行的测试的种类及进度安排，测试过程规定了用来检测软件与需求是否一致的测试方案。通过测试和调试要保证软件能满足所有功能要求，能达到每个性能要求，文档资料是准确而完整的。此外，还应该保证软件能满足其他预定的要求（如安全性、可移植性、兼容性、可维护性等）。

6.5.2 Alpha 和 Beta 测试

Alpha 测试由用户在开发者的场所进行（不能由程序员或测试员完成），并且在开发者对用户的指导下进行测试。开发者负责记录发现的错误和使用中遇到的问题。Alpha 测试是在受控的环境中进行的。

Beta 测试由软件的最终用户在一个或多个客户场所进行。Beta 测试是软件在开发者不能控制的环境中的"真实"应用。用户负责记录在 Beta 测试过程中遇到的一切问题（真实的或想象的），并定期把这些问题报告给开发者。收到用户在 Beta 测试期间报告的问题后，开发者对软件产品进行必要的修改，并准备向全体客户发布最终的软件产品。

6.6　白盒测试技术

设计测试方案是测试阶段的关键技术问题。测试方案包括具体的测试目的（如预定要测试的具体功能）、测试输入数据和预期结果。通常又把测试输入数据和预期结果称为测试用例。测试用例是为测试而设计的数据，主要由测试输入数据和预期结果两部分组成，其中最困难的问题是设计测试输入数据。不同的测试用例发现程序错误的能力差别很大，为了提高测试效率、降低测试成本，应选用高效的测试用例。因为不可能进行穷尽测试，所以选用少量"最有效的"测试用例，做到尽可能完备的测试就更重要了。

本节讲述用白盒测试方法测试软件时设计测试用例的典型技术，6.7 节讲述用黑盒测试方法测试软件时设计测试用例的典型技术。

6.6.1 逻辑覆盖

有选择地执行程序中某些最有代表性的通路是对穷尽测试的唯一可行的替代办法。逻辑覆盖是一系列以程序内部的逻辑结构为基础的测试过程的总称。按测试数据覆盖程序逻辑的程度划分，主要有表 6-1 所示的几种标准。

表 6-1　逻辑覆盖测试的五种标准

发现错误的能力（从 1 到 6 能力逐渐增强）	标准	含义
1	语句覆盖	每条语句至少执行一次
2	判定覆盖	每个判定的每个分支至少执行一次
3	条件覆盖	每个判定中的每个条件，分别按"真""假"至少各执行一次
4	判定/条件覆盖	同时满足判定覆盖和条件覆盖的要求
5	条件组合覆盖	求出判定中所有条件的各种可能组合值，每一个可能的条件组合至少执行一次
6	路径覆盖	使程序中每条可能路径都至少执行一次

下面通过例题对表 6-1 各标准进行分析。

【例 6-1】根据第 5 章中对商品销售派单系统中商品运费算法的描述，做出如下规定，如果非节假日用户运输的商品重量超过 15kg，则在运费总价的基础上打九五折；如果所运商品在市区且为会员，在九五折的基础上再打八折。如图 6-5 所示，其中 A 代表商品重量是否超过 15kg，B 代表是否为非节假日，C 代表是否为市区，D 代表是否为会员价，cost 代表计算出的运费总价[通过图 5-18（a）计算得到]。

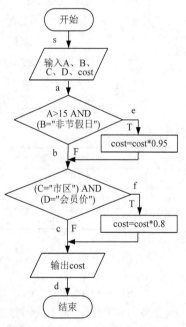

图 6-5　需要测试的程序流程图

1. 语句覆盖

语句覆盖是指为了暴露程序中的错误，至少每个语句应该执行一次。语句覆盖的含义是选择足够多的测试数据，使被测程序中每个语句至少执行一次，如图 6-5 所示，图中，s 以及 a～f 是路径，T 和 F 表示逻辑值"真"和"假"。

只需设计一个测试用例，输入数据：A=20，B="非节假日"，C="市区"，D="会员价"，即达到了语句覆盖。能比较全面地检验每条语句，但是无法检测逻辑运算问题（如当 AND 误写成 OR，该测试用例无法判断逻辑错误）。可见，语句覆盖是最弱的逻辑覆盖标准。

2. 判定覆盖

判定覆盖又叫分支覆盖，其含义是不仅每条语句必须至少执行一次，而且每个判定的每种可能的结果都应该至少执行一次，也就是每个判定的每个分支都至少执行一次。

针对图 6-5 所示被测试模块的流程图，可设计两组测试用例：

- A=19，B="非节假日"，C="非市区"，D="会员价"，可覆盖 s、a、e、c、d 分支。
- A=22，B="节假日"，C="市区"，D="会员价"，可覆盖 s、a、b、f、d 分支。

两组测试用例可覆盖所有判定的真假分支。但判定覆盖仍是弱的逻辑覆盖标准，只覆盖了全部路径的一半，并且无法检测内部条件的错误。

3. 条件覆盖

条件覆盖的含义是：不仅每个语句至少执行一次，而且使判定表达式中的每个条件都取到各种可能的结果。它使判定表达式中每个条件都取到了两个不同的结果。

针对图 6-5 所示被测试模块的流程图，使每个判定的每个条件的可能取值至少执行一次。

针对第一判定表达式：

设条件 A>15   取真   记为 T1

                      取假   记为 $\overline{T1}$

条件 B="非节假日" 取真   记为 T2

                      取假   记为 $\overline{T2}$

针对第二判定表达式：

设条件 C="市区"   取真   记为 T3

                      取假   记为 $\overline{T3}$

条件 D="会员价"   取真   记为 T4

                      取假   记为 $\overline{T4}$

表 6-2 中的两个测试用例实现条件覆盖。

表 6-2　条件覆盖测试用例

测试用例				执行路径	满足的条件	覆盖分支
A	B	C	D			
19	非节假日	非市区	会员价	s—a—e—c—d	T1, T2, $\overline{T3}$, T4	e, c
12	节假日	市区	会员价	s—a—b—f—d	$\overline{T1}$, $\overline{T2}$, T3, T4	b, f

4. 判定/条件覆盖

判定/条件覆盖的含义是：选取足够多的测试数据，使判定表达式中的每个条件都取到各种可能的值，而且每个判定表达式也都取到各种可能的结果。

针对图 6-5 所示被测试模块的流程图，表 6-3 中的测试用例能同时满足判定、条件两种覆盖标准的取值。但是，这两组测试数据是为了满足条件覆盖标准最初选取的两组数据，因此，有时判定/条件覆盖也并不比条件覆盖更强。

5. 条件组合覆盖

条件组合覆盖是更强的逻辑覆盖标准，它要求选取足够多的测试数据，使每个判定表达式中条件的各种可能组合都至少出现一次。表 6-4 所示条件组合覆盖测试用例使得图 6-5 所示被测试模块的流程图中每个判定表达式中条件的各种可能组合都至少出现一次。

表 6-3　判定/条件覆盖测试用例

测试用例				执行路径	满足的条件	覆盖分支
A	B	C	D			
25	非节假日	市区	会员价	s—a—e—f—d	T1, T2, T3, T4	e, f
13	非节假日	市区	非会员价	s—a—b—c—d	$\overline{T1}$, T2, T3, $\overline{T4}$	b, c

表 6-4　条件组合覆盖测试用例

测试用例				执行路径	满足的条件	覆盖分支
A	B	C	D			
19	非节假日	市区	会员价	s—a—e—f—d	T1, T2, T3, T4	e, f
12	非节假日	市区	非会员价	s—a—b—c—d	$\overline{T1}$, T2, T3, $\overline{T4}$	b, c
18	非节假日	非市区	会员价	s—a—e—c—d	T1, T2, $\overline{T3}$, T4	e, c
22	节假日	非市区	会员价	s—a—b—c—d	T1, $\overline{T2}$, $\overline{T3}$, T4	b, c
16	节假日	非市区	非会员价	s—a—b—c—d	T1, $\overline{T2}$, $\overline{T3}$, $\overline{T4}$	b, c
17	节假日	市区	会员价	s—a—b—f—d	T1, $\overline{T2}$, T3, T4	b, f

显然，满足条件组合覆盖标准的测试数据，也一定满足判定覆盖、条件覆盖和判定/条件覆盖标准。因此，条件组合覆盖是前述几种覆盖标准中最强的。但是，满足条件组合覆盖标准的测试数据并不一定能使程序中的每条路径都执行到。

6. 路径覆盖

路径覆盖的含义是：选取足够多的测试数据，使程序中每条可能路径都至少执行一次。测试用例如表 6-5 所示，将图 6-5 中的每条路径均执行一次。

表 6-5　路径覆盖测试用例

测试用例				执行路径	满足的条件	覆盖分支
A	B	C	D			
19	非节假日	市区	会员价	s—a—e—f—d	T1, T2, T3, T4	e, f
12	非节假日	市区	非会员价	s—a—b—c—d	$\overline{T1}$, T2, T3, $\overline{T4}$	b, c
18	非节假日	非市区	会员价	s—a—e—c—d	T1, T2, $\overline{T3}$, $\overline{T4}$	e, c
17	节假日	市区	会员价	s—a—b—f—d	T1, $\overline{T2}$, T3, T4	b, f

注意：即使做到了路径测试，也不能保证程序的正确性。测试的目的不是证明程序是正确的，而是尽力找出尽可能多的错误。

6.6.2　控制结构测试——基本路径测试

基本路径测试是一种常见的白盒测试技术，根据程序的控制结构设计测试用例。使用该方法时，首先计算程序的环形复杂度，并以环形复杂度为指南定义执行路径的基本集合。对程序模块的所有独立执行路径至少测试一次，保证程序中的每条语句至少执行一次，并且每个条件在执行时都分别取真、假两种值。基本路径测试的步骤如下。

第 1 步：基于图 6-5 画出的流图如图 6-6 所示，其中 1 代表判定结点 A>15；2 代表判定结点 B="非节假日"；3 代表所执行的操作 cost=cost*0.95；4 代表当前判定结点结束，流向下个判定结点；5 代表判定结点 C="市区"；6 代表判定结点 D="会员价"；7 代表所执行的操作 cost=cost*0.8；8 代表结束。

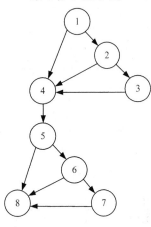

图 6-6　对应例题程序流图

第 2 步：基于图 6-6 计算程序环形复杂度。

程序环形复杂度=边数−结点数+2 =11−8+2=5

程序环形复杂度决定了程序中独立路径的数量，该数确保了程序中所有语句至少被执行一次所必需的测试用例数目的上界，即意味着独立路径的个数最多是 5 个。

第 3 步：找出程序基本路径集，一条独立路径至少包含一条在其他独立路径中从未有过的边。基于图 6-6，找出以下四条独立路径。

- 路径 1：1—4—5—8。
- 路径 2：1—4—5—6—7—8。
- 路径 3：1—2—3—4—5—8。
- 路径 4：1—2—3—4—5—6—7—8。

第 4 步：根据判定结点给出的条件，选择适当的数据以保证每一条路径可以被测试到（用逻辑覆盖的方法）。该例中，判定结点为 1、2、5、6。

1）路径 1 的测试用例：

输入：A=10，B="非节假日"，C="非市区"，D="会员价"

运费总价 cost 不变，

预期结果：总运费不打折。

2）路径 2 的测试用例：

输入：A=10，B="非节假日"，C="市区"，D="会员价"

cost=cost*0.8

预期结果：总运费打八折。

3）路径 3 的测试用例：

输入：A=18，B="非节假日"，C="非市区"，D="非会员价"

cost=cost*0.95

预期结果：总运费打九五折。

4）路径 4 的测试用例：

输入：A=20，B="非节假日"，C="市区"，D="会员价"

cost=cost*0.95*0.8

预期结果：总运费在打九五折的基础上再打八折。

6.7 黑盒测试技术

黑盒测试着重测试软件功能。黑盒测试并不能取代白盒测试,它是与白盒测试互补的测试方法,它很可能发现白盒测试不易发现的其他类型的错误。白盒测试在测试过程的早期进行,而黑盒测试主要用于测试过程的后期。

设计黑盒测试方案时,应考虑的问题有:怎样测试功能的有效性?哪些功能的输入可构成好的测试用例?系统是否对特定的输入值特别敏感?怎样划分数据类的边界?系统能够承受什么样的数据率和数据量?数据的特定组合将对系统运行产生什么样的影响?

黑盒测试力图发现的错误类型有:功能不正确或遗漏了功能;界面错误;数据结构错误或外部数据库访问错误;性能错误;初始化和终止错误。

应用黑盒测试技术,能够设计出满足下述标准的测试用例集:所设计的测试用例能够减少为达到合理测试所需要设计的测试用例的总数;所设计的测试用例能够测出是否存在某些类型的错误(一个理想的测试用例能独立发现一类错误,如对所有的负整数的处理都不正确)。

黑盒测试技术包括等价划分法、边界值分析法和错误推测法等。

6.7.1 等价划分法

等价划分法是一种黑盒测试技术,这种技术把程序所有可能的输入数据(有效的和无效的)划分成若干个等价的子集(称为等价类别或等价区间),等价类别或等价区间是指测试相同目标或者暴露相同软件缺陷的一组测试用例。

穷尽的黑盒测试(即用所有有效的和无效的输入数据来测试程序)通常是不现实的。因此,只能选取少量有代表性的输入数据作为测试数据,以期用较小的代价暴露出较多的程序错误。等价划分法力图设计出能发现若干类程序错误的测试用例,从而减少必须设计的测试用例的数目。

使用等价划分法设计测试方案首先需要划分输入数据的等价类,为此需要研究程序的功能说明,从而确定输入数据的有效等价类(合理等价类)和无效等价类(不合理等价类)。

划分等价类的主要规则包括:

1)如果输入条件规定了取值范围,可定义一个有效等价类和两个无效等价类。

2)如果输入条件规定了输入数据的个数,可定义一个有效等价类和两个无效等价类。

3)如果规定了输入数据的一组值,且程序对不同输入值做不同处理,则每个允许的输入值是一个有效等价类,并有一个无效等价类(所有不允许的输入值的集合)。

用等价划分法设计测试用例的步骤:

1)设计一个测试用例,使其尽可能多地覆盖尚未覆盖的有效等价类,重复这一步骤,直到所有有效等价类均被测试用例所覆盖。

2)设计一个新的测试用例,使其只覆盖一个尚未被覆盖的无效等价类,重复这一步骤直到所有无效等价类均被覆盖。

【例6-2】如果输入条件规定了取值范围，可定义一个有效等价类和两个无效等价类。输入值是学生成绩，范围是0~100，则有效等价类和无效等价类如图6-7所示。

图6-7　输入条件规定了取值范围的有效等价类和无效等价类

【例6-3】如果输入条件规定了输入数据的个数，可定义一个有效等价类和两个无效等价类。输入值是关键词个数，输入数据的个数为3~5，则有效等价类和无效等价类如图6-8所示。

图6-8　输入条件规定了输入数据的个数的有效等价类和无效等价类

【例6-4】如果规定了输入数据的一组值，且程序对不同输入值做不同处理，则每个允许的输入值是一个有效等价类，并有一个无效等价类（所有不允许的输入值的集合）。如输入条件说明学历可为专科、本科和研究生，则分别取这三个值作为三个有效等价类，另外把三种学历之外的任何学历作为无效等价类。

【例6-5】商品销售派单系统要求用户输入处理报表的日期，日期限制在2018年1月至2021年12月，即系统只能对该期间内的报表进行处理，如日期不在此范围内，则显示输入错误信息。系统日期规定由年、月的6位数字字符组成，前四位代表年，后两位代表月。如何用等价划分法设计测试用例，来测试程序的日期检查功能？

第1步：等价类划分，等价类表如表6-6所示。

表6-6　报表日期输入条件等价类表

输入条件	有效等价类	无效等价类
报表日期的类型及长度	6位数字字符（1）	有非数字字符（4） 少于6个数字字符（5） 多于6个数字字符（6）
年份范围	在2018~2021之间（2）	小于2018（7） 大于2021（8）
月份范围	在1~12之间（3）	小于1（9） 大于12（10）

第2步：为有效等价类设计测试用例，对表中编号为1、2、3的3个有效等价类用一个测试用例覆盖，如表6-7所示。

表 6-7　有效等价类设计测试用例

测试数据	期望结果	覆盖范围
201806	输入有效	等价类（1）（2）（3）

注：覆盖范围中（1）表示 6 位数字字符；（2）表示年份在 2018～2021 之间；（3）表示月份在 1～12 之间。

第 3 步：为每个无效等价类至少设计一个测试用例，如表 6-8 所示。

表 6-8　为每个无效等价类设计测试用例

测试数据	期望结果	覆盖范围
003MAY	输入无效	等价类（4）
20035	输入无效	等价类（5）
2018005	输入无效	等价类（6）
200105	输入无效	等价类（7）
202205	输入无效	等价类（8）
201800	输入无效	等价类（9）
201813	输入无效	等价类（10）

注：测试数据中不能出现相同的测试用例，期望结果和覆盖范围中的 10 个等价类至少需要 8 个测试用例。

6.7.2　边界值分析法

经验表明，处理边界情况时程序最容易发生错误。提出边界条件时，一定要测试临近边界的合法数据，即测试最后一个可能合法的数据，以及刚超过边界的非法数据。

使用边界值分析法设计测试方案首先应该确定边界情况，通常输入等价类和输出等价类的边界，就是应该着重测试的程序边界情况。选取的测试数据应该刚好等于、刚好小于和刚好大于边界值。越界测试：对于最大值，通常简单地加 1 或很小的数；对于最小值，通常减 1 或很小的数。通常设计测试方案时总是联合使用等价划分法和边界值分析法两种技术。

边界值分析法示例如表 6-9 所示。

表 6-9　边界值分析法示例

测试用例	输入	预期输出
使输出刚好等于最小的负整数	−32768	−32768
使输出刚好等于最大的正整数	32767	32767
使输出刚好小于最小的负整数	−32769	错误，无效输入
使输出刚好大于最大的正整数	32768	错误，无效输入

6.7.3　错误推测法

错误推测法在很大程度上靠直觉和经验进行。它的基本原则是列举出程序中可能存在的错误和容易发生错误的特殊情况，并根据它们选择测试方案。

6.8 调　　试

调试也称为纠错,作为成功测试的后果出现。也就是说,调试是在测试发现错误之后排除错误的过程。虽然调试可以是一个有序过程,但是,目前它在很大程度上仍然是一项技巧。软件工程师在评估测试结果时,往往仅面对软件错误的症状,也就是说,软件错误的外部表现和它的内在原因之间可能并没有明显的联系。调试就是把症状和原因联系起来的尚未被人们深入认识的智力过程。

6.8.1　调试过程

调试不是测试,但是它总是发生在测试之后。如图 6-9 所示,调试过程从执行一个测试用例开始,评估测试结果,如果发现实际结果与预期结果不一致,则这种不一致就是一个症状,它表明在软件中存在着隐藏的问题。调试过程试图找出产生症状的原因,以便改正错误。

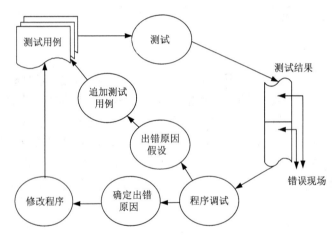

图 6-9　调试过程

1. 调试过程的结果

调试过程总会有以下两种结果之一:找到问题的原因并把问题改正和排除;没找到问题的原因。在后一种情况下,调试人员可以做一个假设,并设计测试用例来验证这个假设,重复此过程直到找到原因并改正错误。

2. 软件错误的特征

1)症状和产生症状的原因可能在程序中相距甚远,也就是说,症状可能出现在程序的一个部分,而实际原因可能在与之相距很远的另一部分。紧耦合的程序结构更加剧了这种情况。

2)当改正了另一个错误之后,症状可能暂时消失了。

3）症状可能实际上并不是由错误引起的（如舍入误差）。

4）症状可能是由不易跟踪的人为错误引起的。

5）症状可能是由定时问题而不是由处理问题引起的。

6）可能很难重新产生完全一样的输入条件。

7）症状可能时有时无，这种情况在硬件和软件紧密地耦合在一起的嵌入式系统中特别常见。

8）症状可能是由分布在许多任务中的原因引起的，这些任务运行在不同的处理机上。

调试是软件开发过程中最艰巨的脑力劳动。调试工作如此困难，可能心理方面的原因多于技术方面的原因。但是，软件错误的上述特征也是相当重要的原因。

6.8.2 调试途径

无论采用什么方法，调试的目标都是寻找软件错误的原因并改正错误。通常需要把系统地分析、直觉和运气组合起来，才能实现上述目标。一般来说，有下列三种调试途径可以采用。

1）蛮干法：逐点（单步）跟踪。仅当所有其他方法都失败的情况下，才使用这种方法。

2）回溯法：从出错处向上追溯。当调试小程序时这种方法很有效。

3）原因排除法：对分查找法、归纳法和演绎法都属于原因排除法。

对分查找法的基本思路是，如果已知每个变量在程序内若干个关键点的正确值，则可以用赋值语句或输入语句在程序中点附近"注入"这些变量的正确值，然后运行程序并检查所得到的输出。如果输出结果是正确的，则错误原因在程序的前半部分；反之，在程序的后半部分。重复使用这个方法，直到把出错范围缩小到容易诊断的程度为止。

归纳法是首先把与错误有关的数据组织起来进行分析，然后导出对错误原因的一个或者多个假设，并利用已有的数据来证明或排除这些假设。

演绎法是首先假设出所有可能的出错原因，然后试图用测试来排除每一个假设的原因。如果发现某个假设的原因可能是真正的原因，则对数据进行细化以准确定位错误。

6.9 软件可靠性

6.9.1 基本概念

软件可靠性是指程序在给定的时间间隔内，按照需求规格说明书的规定，成功运行的概率。

软件可用性是指程序在给定的时间点，按照需求规格说明书的规定，成功运行的概率。

如果在一段时间内，软件系统故障停机时间分别为 $t_{d1}, t_{d2}, \cdots$，正常运行时间分别为 $t_{u1}, t_{u2}, \cdots$，则系统的稳态可用性为

$$A_{ss} = T_{up}/\left(T_{up} + T_{down}\right) \tag{6-1}$$

$$T_{up} = \sum t_{ui} \tag{6-2}$$

$$T_{down} = \sum t_{di} \tag{6-3}$$

如果引入系统平均无故障时间（mean time to failure，MTTF）和平均维修时间（mean time to repair，MTTR）的概念，则式（6-1）可以变成

$$A_{ss} = \text{MTTF}/(\text{MTTF} + \text{MTTR}) \tag{6-4}$$

6.9.2 估算平均无故障时间的方法

1. 基本假定

根据经验数据，可做如下假定。

1）在类似的程序中，单位长度里的错误数 E_T/I_T 近似为常数。通常

$$0.5 \times 10^{-2} \leqslant E_T/I_T \leqslant 2 \times 10^{-2} \tag{6-5}$$

即，在测试之前每 1000 条指令中有 5～20 个错误。式中，E_T 为测试之前程序中的错误总数；I_T 为程序长度（机器指令总数）。

2）失效率正比于软件中剩余的（隐藏的）错误数，而平均无故障时间与剩余的错误数成反比。

此外，为了简化讨论，假设发现的每一个错误都立即正确地改正了（即调试过程中没有引入新的错误）。因此

$$E_c(\tau) = E_d(\tau) \tag{6-6}$$

剩余的错误数为

$$E_r(\tau) = E_T - E_c(\tau) \tag{6-7}$$

单位长度程序中剩余的错误数为

$$\varepsilon_r(\tau) = E_T/I_T - E_c(\tau)/I_T \tag{6-8}$$

式中，τ 为测试（包括调试）时间；$E_d(\tau)$ 为在 0～τ 期间发现的错误数；$E_c(\tau)$ 为在 0～τ 期间改正的错误数。

2. 估算平均无故障时间

经验表明，平均无故障时间与单位长度程序中剩余的错误数成反比，即

$$\text{MTTF} = 1/[\text{K}(E_T/I_T - E_c(\tau)/I_T)] \tag{6-9}$$

式中，K 为常数，其值根据经验选取，据统计数据表明，K 的典型值是 200。估算平均无故障时间的公式，可以评价软件测试的进展情况。此外，由式（6-9）可得

$$E_c(\tau) = E_T - I_T/(\text{K} \times \text{MTTF}) \tag{6-10}$$

可以根据对软件平均无故障时间的要求，估计需要改正多少个错误之后，测试工作才能结束。

3. 估计错误总数的方法

1）植入错误法：根据发现的错误中原有的和植入的两种错误的比例，来估计程序中原有错误的总数 E_T。

2）分别测试法：为了随机地给一部分错误添加标记，分别测试法使用两个测试员或测试小组，彼此独立地测试同一个程序的两个副本，把其中一个测试员发现的错误作

为有标记的错误。

【例 6-6】对一个包含 100000 条指令的程序进行测试，记录下来的数据如下。

测试开始，发现错误个数为 0；经过 160 小时的测试，累计改正 100 个错误，此时，MTTF=0.4 小时；又经过 160 小时的测试，累计改正 300 个错误（表示从开始至目前），此时，MTTF = 2 小时。

给出估计程序中固有的错误总数 E_T 的公式并估算 E_T 和经验常数 K 的数值。

解：

$$MTTF = 1/\left[K\left(E_T/I_T - E_c\left(\tau\right)/I_T\right)\right]$$
$$0.4 = 1/\left[K\left(E_T/100000 - 100/100000\right)\right]$$
$$2 = 1/\left[K\left(E_T/100000 - 300/100000\right)\right]$$

得到

$$K=1000, \quad E_T = 350$$

习　题

1. 简述软件的测试步骤。
2. 简述静态测试和动态测试的区别。
3. 什么是黑盒测试？什么是白盒测试？它们分别有哪些测试方法？
4. 编写一个对一元二次方程求根的程序。设计出相应的黑盒和白盒测试方案。
5. 根据下面的规格说明，利用等价划分法给出足够的测试用例。

"一个程序读入 3 个整数，把这 3 个数值看作一个三角形 3 条边的长度值，此程序要打印出信息，判断这个三角形是不等边的、等腰的还是等边的。"

6. 对第 5 章商品销售派单系统中商品运费算法做出如下改动：如果用户运输的商品重量超过 15kg 且在非节假日，则运费总价在原运费总价的基础上打 9.5 折；如果所运商品的目的地为市区或者用户为会员，则运费总价在 9.5 折的基础上再打 8 折。请画出相应的程序流程图并对逻辑覆盖的六种标准分别进行分析。

7. 对一个包含 10000 条机器指令的程序进行一个月集成测试后，总共改正了 15 个错误，此时 MTTF=10 小时；经过两个月测试后，总共改正了 25 个错误，MTTF=15 小时。为做到 MTTF=100 小时，必须进行多长时间的集成测试？当集成测试结束时总共改正了多少个错误，还有多少个错误潜伏在程序中？

第 7 章　维　　护

维护是软件生命周期的最后一个阶段，也是持续时间最长、付出代价最大的一个阶段。软件工程学的主要目的就是提高软件的可维护性，降低维护的代价。决定软件可维护性的基本要素为软件的可理解性、可测试性、可修改性、可移植性和可重用性。文档是影响软件可维护性的决定因素。

7.1　软件维护概述

7.1.1　软件维护的定义

软件维护是指在软件交付使用之后，为保证软件在相当长的时期内能够正常运作所进行的软件活动。

7.1.2　软件维护的类型

软件维护分为四种类型：完善性维护、改正性维护、适应性维护以及预防性维护，下面对这四种维护类型进行介绍。

1）完善性维护。在软件使用过程中，用户往往会提出新的功能或性能的需求，软件为了实现这些需求所进行的一系列活动称为软件的完善性维护。这部分在软件维护工作中的占比较大。

2）改正性维护。在软件使用期间，由于软件测试阶段的不彻底，往往会遗留一些错误到运行阶段，这些问题就会在软件运行期间暴露出来。为了排查和解决这些错误所进行的一系列活动则称为软件的改正性维护。

3）适应性维护。随着硬件开发水平的不断提高，硬件更新换代的周期被缩短，而软件的生命周期较长，在软件生命周期内硬件可能已进行多次换代，每一次的换代都会导致操作系统也随之改变，软件为了适应这种变化而进行的一系列活动则称为软件的适应性维护。

4）预防性维护。为改进软件的可靠性和可维护性，采用先进的软件工程的方法对软件或软件的某一部分进行设计、编码和测试就称为软件的预防性维护。

国外的统计数字表明，完善性维护占全部维护活动的 50%～61%，改正性维护占 17%～21%，适应性维护占 18%～25%，预防性维护占 4%左右。

7.1.3 软件维护的特点

1. 结构化维护与非结构化维护差别巨大

如果软件只是由程序组成，那么对于一个软件的维护活动只能从评价程序开始，因为没有足够的文档说明，所以对于程序的评价是非常困难的。例如，程序是由多种软件结构、数据结构和接口等组成的，在没有确切的文档解释的情况下，对于程序中的组成部分往往会存在一些误解，这就导致难以进行后期的修改等操作。若对于一个软件添加新的功能或者修改一些功能，则需要对整个程序进行测试，这将浪费很大的人力、物力和财力。

在结构化维护中，维护活动的成分就不再是单纯的程序，而是从设计文档开始，这样的好处是可以提前了解到软件结构的特点、接口的特点以及软件性能的特点。这样，可以提前预知后续的操作所带来的影响，并可采取适当的方法预防。在经过一系列的修改步骤之后才开始真正地编写源程序。由于采用结构化的设计，当需要修改软件中的一些功能时，并不需要对整个程序进行测试，只需要测试当前被修改的地方即可，最后把修改后的软件再次交付使用。这大大提高了维护效率，减少了精力的浪费。结构化维护是在软件开发的早期应用软件工程方法学的结果。

2. 维护的代价高昂

在过去的几十年中，在软件维护这一方面所产生的费用越来越高。20 世纪 70 年代维护软件所产生的费用占全部软件预算的 35%～40%；80 年代，软件维护的成本进一步增加，约占总成本的 60%；近年来，该值已经上升至 80%。由此可见，软件维护的代价越来越大。然而，上述成本都可以通过数据观察到，称为有形代价；还有一些潜在成本是无法通过数据表现出来的，称为无形代价。下面列举几个无形的维护成本。

1）一些看起来比较合理的修复或修改请求不能得到及时的解决，导致用户不满意。

2）在软件维护过程中会将一些错误带入到软件中，从而降低软件质量。

3）让部分软件开发工程师去参加软件的维护，将导致软件开发过程紊乱。

4）因为不能合理地利用资源，导致软件开发可能耽搁或者错失良机。

在软件维护代价中还有一个需要考虑的因素——软件生产率。由于现在软件的复杂度越来越高，维护难度越来越大，因此导致软件生产率急剧下降。

用于维护工作的劳动可以分为生产性活动（如分析评价、修改设计和编写程序代码等）和非生产性活动（如理解程序代码的功能，解释数据结构、接口特点和性能限度等）。维护工作量可以根据下面的公式计算

$$M = P + K \times \exp(C - D) \qquad\qquad (7\text{-}1)$$

式中，M 为维护的总工作量；P 为生产性工作量；K 为经验常数；C 为软件系统复杂程度（非结构化设计和缺少文档都会增加软件的复杂程度）；D 为维护人员对软件的熟悉程度。

上面的模型表示，如果开发软件选择的方法不好，而且原来的开发人员不能参与维

护的相关事宜，那么将会导致维护工作量和费用的大幅度增加。

3. 维护的问题很多

由于在软件定义和软件开发阶段所采用的方法存在缺陷，软件维护阶段存在很多的问题。软件生命周期的起始两个阶段至关重要，若在这两个阶段没有合理地规划，那么必然会在最后阶段出现问题。下面列举几个与软件维护相关的问题。

1）程序开发人员在开发软件时所编写的程序往往带有自己的风格，因此，别人理解程序较为困难。如果没有和程序有关的合格的说明文档，将会出现严重问题。

2）没有或者缺少维护软件所需要的说明文档，特别是那些容易理解并且与程序代码完全一致的说明文档。

3）得不到或者得到较少开发人员的帮助。由于维护软件持续的时间比较长，不能指望开发人员时时刻刻都在身边对软件进行解释。

4）在软件设计的时候往往没有考虑到之后可能会对软件进行修改。如果没考虑到这点，那么在之后的修改中很容易出现差错，除非采用的是强调模块独立原理的设计方法。

5）维护工作让人没有成就感。由于在维护软件时经常受挫，给不了心理安慰，让人没有成就感。

7.2 软件的可维护性

7.2.1 软件可维护性定义

软件可维护性是指纠正软件系统出现的错误和缺陷以及为满足新的要求进行修改、扩充或压缩的难易程度。衡量软件质量好坏的一个重要指标就是软件的可维护性，在开发阶段的各个时期都应该重视。

7.2.2 决定软件可维护性的因素

1）可理解性。可理解性表现为理解软件的结构、功能、接口和内部处理过程的难易程度。模块化（模块结构良好、高内聚、松耦合）、详细的设计文档、结构化设计、程序内部的文档和良好的高级程序设计语言等，都对提高软件的可理解性有重要作用。

2）可测试性。诊断和测试的难易程度取决于软件容易理解的程度。软件结构、可用的测试工具和调试工具，以及以前设计的测试过程也是非常重要的。在软件开发阶段所产生的测试文档应该被保留，以便后续提供给维护人员，方便维护人员进行回归测试。此外，在软件设计阶段，要考虑到后期可能会对软件进行修改，所以在设计软件时应将软件设计成后续容易测试和诊断的形式。

3）可修改性。可修改性是指程序修改的难易程度。可修改性受多方面因素的影响，如软件的设计原理及软件的启发规则，这两者是影响软件可修改性的主要因素。此外，还有一些次要因素，如控制域与作用域的关系、信息隐藏等。

4）可移植性。可移植性是指把程序从一种计算机环境（硬件配置和操作系统）转移到另一种计算机环境的难易程度。在一些程序中，有些程序在运行时需要特定的运行环境，因此，需要将这些程序单独放在一个模块中，以便后续的修改操作，从而降低修改难度，提升维护效率。

5）可重用性。可重用性是指同一事物不做修改或稍加改动就可在不同的环境中多次重复使用。可重用的软件构件具有较高的可靠性，因为其在开发阶段就经过严格的审核，尽管存在一些问题，但在后期每次使用的时候都会发现新错误并将其清理，随着时间的推移，可重用的软件构件几乎不存在错误。在软件开发中使用可重用的软件构件可以大大提高软件质量，而且可重用的软件构件很容易在新的环境中运行。

7.3 软件维护过程

维护过程本质上是修改和压缩了的软件定义和开发过程，而且事实上在提出一项维护要求之前，与软件维护有关的工作已经开始。为了有效地进行软件维护，应事先就开始做组织工作。

7.3.1 维护组织

随着软件复杂度的不断增加，软件维护的工作量也越来越大，设立单独的软件维护小组的重要性也越来越受到很多开发公司的关注。虽然维护小组可能并不是那么正式，但是对于一个开发团队来说，它是必要的。维护小组可能是临时的或者长期的，当一个软件在运行过程中出现错误时，可能需要一个临时的维护小组去排查、解决，而对于一个具有较高复杂度的系统来说，维护系统需要一个长期的、专门的维护小组。不管是哪一种类型的维护小组，都由以下几个部分组成。

1）维护管理员：维护管理员的主要职能是将软件维护的需求传达到系统管理员，由系统管理员进行评价。

2）系统管理员：系统管理员是一个技术人员，他熟悉产品的一部分程序，其主要职能是对维护任务进行评价。

3）变化授权人：变化授权人的主要职能是决定系统管理员评价之后的结果是否可实行。

在维护活动开始之前明确维护责任是十分重要的，这样可以减少在维护过程中因责任不明确所带来的混乱。

7.3.2 维护报告

对于软件维护的要求应该以文档的形式提出申请，需要由要求维护的人员（用户或者开发人员）填写维护申请表，根据维护类型的不同，需要给出特定的维护需求。例如，对于改正性维护，申请报告必须明确指出出现错误的原因，包括运行时的环境、输入数据和错误提示等。对于完善性维护或适应性维护，在申请报告中要求维护的人员需要提供一份对需求解释的简要说明书。维护申请表是一切维护活动的开端，维护申请表由维护小组和维护管理员进行评审，判定维护的类型，根据需要维护问题的严重性采取合适的方法。

    软件组织内部还应该制定相应的软件修改报告，其由以下几个方面组成：为满足某个维护申请要求所需的工作量；软件维护的类型；申请修改的优先级；与修改有关的预见数据。软件修改报告需要提交到修改负责人进行审核，以便进行下一步工作。

7.3.3　维护的事件流

    图 7-1 描述的是软件维护阶段的事件流，⊕表示两个数据流执行其中的一个。

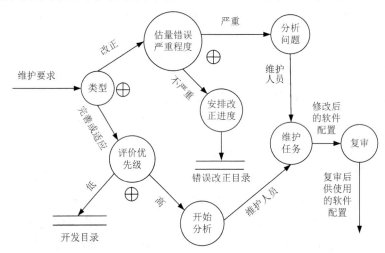

图 7-1　维护阶段的事件流

    图 7-1 主要工作步骤如下：

    1）首先需要确定的是软件维护的类型，然而，对于同一个要求，不同的角色对于同一类型的要求可能会有不同的判断意见。例如，用户可能将一个要求看作是改正性维护，而开发人员可能将其视为完善性维护或者是适应性维护。因此，当出现分歧时，双方需要协商出统一的标准。

    2）如果是改正性维护（图中"改正"路段），那么就需要先判断需要维护问题是否严重，若严重，则给予优先权，立即安排维护人员对问题进行分析；若不是很严重，则将其列入错误改正目录中，按照优先顺序统一安排维护时间。

    3）对于完善性维护和适应性维护申请，它们都将进入评价优先级阶段，那么需要对它们进行优先级判断，优先级较高的申请优先进入开始分析阶段，安排维护工作；而对于优先级较低的维护申请则只能进行排队（完善性维护和适应性维护都可看作开发），等待安排维护时间。

    4）在维护任务阶段，不管是哪种类型的维护任务都将进行相同的技术处理，包括修改软件需求说明、修改软件设计、设计评审、对源程序做必要的修改、单元测试、集成测试、确认测试和软件配置评审等。

    5）维护任务结束后，需要将维护的结果提交到复审阶段进行复审，再次检查软件配置的有效性。复审一般包括以下几个方面：①是否可以用其他更好的方法改进当前处境下的设计、编码或测试？②哪些应该有的维护资源但是实际上没有？③维护工作中的主要和次要的障碍是什么？④要求的维护类型中有预防性维护吗？

7.3.4 保存维护记录

维护记录往往可以评价维护技术的好坏，评价软件程序的"优良"，而在以前的软件生命周期中，各个阶段记录很少保存下来或者是保存得并不完整，维护记录同样也没有保存下来，这就很难确定维护的实际开销。因此，需要在软件维护过程中保存合格的维护记录。

对于维护记录的内容，Swanson 给出了如下内容：①程序名称；②源程序语句条数；③机器代码指令条数；④使用的程序设计语言；⑤程序的安装日期；⑥程序安装后的运行次数；⑦与程序安装后运行次数有关的处理故障的次数；⑧程序修改的层次和名称；⑨由于程序修改而增加的源程序语句条数；⑩由于程序修改而删除的源程序语句条数；⑪每项修改所付出的"人时"数；⑫程序修改的日期；⑬软件维护人员的名字；⑭维护申请报告的名称；⑮维护类型；⑯维护开始时间和维护结束时间；⑰用于维护的累计"人时"数；⑱维护工作的净收益。

7.3.5 评价维护活动

评价维护活动往往需要可靠的数据。倘若存在保存较好的维护记录，就可以得到一些关于"性能"方面的度量值。一般来说，可以通过以下七个方面来评价维护工作：①每次程序运行的平均失败次数；②参与每类维护活动的"人时"数；③每个程序、每种语言、每种维护模型所做的平均更改次数；④在更改源语句上，对于一条语句平均所花费的"人时"数；⑤对每一种语言维护平均所花费的"人时"数；⑥平均每张维护申请表的处理周期时间；⑦各类维护申请在所有维护申请中所占的比例。

对于开发技术、语言选择、维护工作量规划、资源分配及其他方面的判定可以根据上述七种度量值来决定。

7.4 预防性维护

7.4.1 老程序修改方法

在软件刚开始开发的时候，一些软件开发组织是没有现在的软件工程方法做指导的，而且当时的开发人员可能早就离开了开发机构，软件的体系结构很差且保存下来的文档很少，甚至部分软件都没有文档保存下来，所以对当时程序的修改的相关信息也是一无所知。然而，目前仍有一些老程序在使用，当需要修改这些老程序以满足用户的需要时，有如下几种方法可以选择：①对一个程序进行多次修改尝试以满足所要求的修改；②对程序进行仔细的研究，尽可能掌握程序更多的内部细节，以方便后续的修改；③在对原有设计有较好的理解的情况下，采用软件工程的方法重新设计、重新编码和测试需要变更的软件部分；④用软件工程学方法作指导，对全部的程序进行重新设计、重新编码和测试，为此可以使用 CASE 工具（逆向工程和再工程工具）来帮助理解原有设计。第①种方法较为盲目，会浪费大量的时间和精力，所以大部分的人会选择后面的三种方法。预防性维护其实就是第④种方法，第③种方法实质上是局部再工程。

7.4.2 开发新程序的必要性

在存在一个正在运行的老程序的情况下，重新开发一个新程序听起来似乎有点浪费，其实并非这样，下面将给出具体的解释说明。

1）目前维护一句源代码的成本要比重新开发该句源代码的成本要高得多。因此，开发源代码要比维护源代码更实惠。

2）开发新程序将采用现代设计概念，可以设计出更先进的软件体系结构，方便日后的维护。

3）目前存在很多现有的可重用的软件构件，大大提高了生产效率。

4）用户长时间使用该软件，有足够的经验，方便后期提出更清晰的变更需求和变更范围。

5）使用逆向工程和再工程工具，可以使一部分工作自动化。

6）较为完善的软件配置将在预防性维护中被建立。

7）由于资源限制，目前预防性维护在整个维护活动中的占比仍然很小，但是这一部分却很重要，不能忽视，在资源充足的情况下应该加大对预防性维护的重视力度。

7.5 软件再工程过程

软件再工程是一类软件工程活动，是一个工程过程，它将逆向工程、重构和正向工程组合起来，将现存系统重新构造为新的形式。再工程的基础是系统理解，包括对运行系统、源代码、设计、分析和文档等方面的全面理解。软件再工程过程模型包括库存目录分析、文档重构、逆向工程、代码重构、数据重构和正向工程六个部分，一般情况下它们按照一定的顺序发生，如图 7-2 所示。

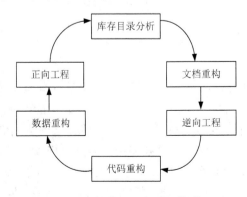

图 7-2 软件再工程过程模型

7.5.1 库存目录分析

库存目录包含的是每个软件系统的基本信息，这些基本信息应当由每个软件组织保存。逆向工程和再工程的基本对象是存在软件机构中的上百万条程序，这些程序中有一些程序用得较少且不需要修改。目前，再工程技术尚未成熟，要对每个程序都进行再工程或逆向工程是不现实的，因为这样做的代价太大，所以只能对部分程序进行再工程或逆向工程。

7.5.2 文档重构

文档是解释程序一个非常重要的材料，合格的文档可以对程序更好地解释。然而，目前很多老程序的缺点之一就是缺少合格的文档，这就导致老程序很难被理解。面对这样的问题，需要对文档进行重构，对于不同的情况应该采用不同的方式，下面列出了三种不同情况下的处理方法。

1) 对于一个相对稳定，正在走向生命终点，不会有什么变化的程序，最好的选择就是保持现状。

2) 对于一个庞大的系统，一次性重构整个文档将要付出巨大的代价，这是不现实的，但又考虑到后期可能需要对程序进行维护，在这样的情况下应当考虑采用"使用时建立文档"的方法，对正在修改的程序建立文档，日积月累，将会得到一个完整的文档。

3) 最坏的情况就是必须要重构这个文档，因为该系统处于整个业务工作的关键位置。

7.5.3 逆向工程

图 7-3 为逆向工程过程模型。在创建软件的时候，软件开发者采取的方法是从软件设计开始，最后到最终产品；而逆向工程恰恰相反，它由产品的源程序开始，推断出最初的设计模型。逆向工程可以给软件工程师带来很多有价值的信息，如数据、程序流程设计、数据结构、控制流模型和实体联系模型，这使人们能够更好地理解程序。

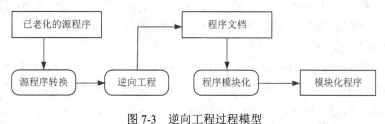

图 7-3 逆向工程过程模型

7.5.4 代码重构

对于老程序，因为其具有完整的体系结构，因此有很大的借鉴价值，但是由于时间久远且可能缺乏合格的说明文档，很多模块让人难以理解、测试和维护。因此，需要对这些难以理解的代码模块进行重构，以便让人理解。

为了完成模块代码重构，首先采用重构工具分析源代码，将与结构化程序设计概念相违背的部分标注出来。然后对有问题的程序进行重构（不需要对整个程序进行重构），最后对重构后的程序进行检查测试并更新代码文档。在代码重构过程中，由于只是进行部分代码重构，因此，程序的整体结构没变，变化的只是局部数据结构。若在代码重构过程中，重构扩展到模块边界之外并涉及软件体系结构，重构则变为正向工程。

7.5.5　数据重构

数据重构与代码重构并不相同。数据重构是一种整体范围的再工程活动，它对程序的长期生存力有着巨大的影响。当数据结构较差时，程序很难进行适应性修改和增强，因此，需要对数据结构较差的数据进行再工程。数据体系结构对程序中的体系结构和算法影响巨大，若数据被修改，将导致体系结构或者代码层的改动。

7.5.6　正向工程

正向工程也称为革新或者改造，是通过实现语言的映射把模型转换为代码的过程。正向工程不仅从现有程序中恢复设计信息，而且使用该信息去改变或者重构现有系统，以提高其整体质量。换句话说，一般工业产品开发是从确定预期功能与规格目标开始，构思产品结构，然后进行每个零部件的设计、制造以及检验，再经过装配、性能测试等程序完成整个开发过程，每个零部件都有设计图纸，按确定的工艺文件加工。整个开发流程为：构思—设计—产品。

习　　题

1. 简要描述三种不同类型的软件维护。为什么有时候很难区分它们？
2. 软件的可维护性与哪些因素有关？在软件开发过程中应该采取哪些措施来提高软件产品的可维护性？
3. 假如你是一家专业开发海洋石油工业软件的软件公司的一名项目负责人，现在你的任务是找出哪些因素影响公司开发的特定系统的可维护性。说明你将如何确定一个计划来分析维护过程，从中发现适合公司的可维护性度量。
4. 为什么系统越大越难维护？
5. 什么是逆向工程？什么是再工程？如何使用再工程对老化系统进行维护？
6. 分析预测在下列系统交付使用以后，用户可能提出哪些改进或扩充功能的要求。如果由自己来开发这些系统，在设计和实现时将采取哪些措施，以方便将来的修改？
   1）储蓄系统。
   2）机票预订系统。
   3）患者监护系统。

第8章 面向对象方法学

面向对象方法是一种新的思维方法，它把程序看作是相互协作而又彼此独立的对象的集合。20世纪60年代末出现的软件危机使人们认识到应该采用工程的概念、原理、技术和方法来开发与维护软件。传统的结构化方法曾经给软件产业带来了巨大的进步，在一定程度上解决了软件的可靠性、可生产性和可维护性等方面的问题，部分地缓解了软件危机。但在开发大型软件时，采用结构化方法仍然存在许多问题，面向对象方法是近年来发展起来的能够解决这些问题的一种非常实用且强有力的软件开发方法。

8.1 面向对象方法学概述

8.1.1 面向对象方法学的要点

面向对象方法学的出发点和基本原则是尽可能模拟人类习惯的思维方式，使开发软件的方法与过程尽可能接近人类认识世界、解决问题的方法与过程。面向对象方法认为客观世界是由对象组成的，对象由属性和操作组成，并可按其属性进行分类，对象之间的联系通过传递消息来实现，对象具有封装性、继承性和多态性。面向对象方法是以用例驱动的、以体系结构为中心的、迭代的和渐增式的开发过程，主要包括需求分析、系统分析、系统设计和系统实现四个阶段，但是各个阶段的划分不像结构化方法那样清晰，而是在各个阶段之间迭代进行的。

1）认为客观世界是由各种对象组成的，任何事物都是对象，复杂的对象可以由比较简单的对象以某种方式组合而成。因此，面向对象的软件系统是由对象组成的，软件中的任何元素都是对象，复杂的软件对象由简单的软件对象组成。

2）类（class）是对一组对象的抽象，集中了该组对象的共同特性（一组数据和一组方法）。对象是类的实例，当创建一个类的对象（实例）时，会根据该类中定义的数据为新生成的对象生成一组专用的值，以便描述该对象独特的属性值。例如，在现实世界中有各色各样的人，虽然每个人都是people类的对象，但是每个人都是一个独特的个体，各自有自己专有的数据（如身高、体重、性格等），以便区别于其他个体。

3）按照子类（或称为派生类）与父类（或称为基类）的关系，把若干个对象类组成一个层次结构的系统（也称为类等级）。在这种结构中，下层的派生类自动具有和上层的基类相同的特性，这种现象称为继承（inheritance）。在派生类中，派生类继承了基类所有可继承的特性（包括数据和方法），如果派生类对基类中的某些特性进行了重新描述，那派生类中的这些特性将以重新描述的为准。

4）对象彼此之间仅能通过传递消息互相联系。一切局部于该对象的私有信息，都被封装在该对象类的定义中，就好像装在一个不透明的黑盒子中一样，在外界是看不见的，更不能直接使用，这就是封装性。外界无法直接操作对象内的私有数据，只能通过调用对象中的共有方法间接操作。与传统的数据相比，对象是进行处理的主体，而传统数据是被动地接收外部指令对它进行处理；对象对实体特征进行了封装，而传统的数据没有封装；对象比传统数据更为接近自然实体。

8.1.2　面向对象方法学的优点

1. 与人类习惯的思维方法一致

传统的程序设计技术是面向过程的设计方法，是以算法为核心的，把数据和过程作为相互独立的部分，数据代表问题空间中的客体，程序代码则用于处理这些数据。这种程序设计技术忽略了数据和操作之间的内在联系，用这种方法设计出来的软件系统的解空间与问题空间并不一致，令人感到难以理解。实际上，用计算机解决的问题都是现实世界中的问题，这些问题无非是由一些相互间存在一定联系的事物组成的。每个具体的事物都具有行为和属性两方面的特征。因此，把描述事物静态属性的数据结构和表示事物动态行为的操作放在一起构成一个整体，才能完整、自然地表示客观世界中的实体。

面向对象的软件技术以对象为核心，用这种技术开发出的软件系统由对象组成。对象是对现实世界实体的正确抽象，它是由描述内部状态的数据（表示对象的静态属性），以及可以对这些数据施加的操作（表示对象的动态行为），封装在一起所构成的统一体。对象之间通过传递消息互相联系，以模拟现实世界中不同事物彼此之间的联系。

面向对象的设计方法与传统的面向过程的方法在本质上有所不同，这种方法的基本原理是使用现实世界的概念抽象地思考问题从而自然地解决问题。它强调模拟现实世界中的概念而不强调算法，鼓励开发者在软件开发的绝大部分过程中都用应用领域的概念去思考。在面向对象的设计方法中，计算机的观点是不重要的，现实世界的模型才是最重要的。面向对象的软件开发过程从始至终都围绕着建立问题领域的对象模型来进行：对问题领域进行自然的分解，确定需要使用的对象和类，建立适当的类等级，在对象之间传递消息实现必要的联系，从而按照人们习惯的思维方式建立问题领域的模型，模拟客观世界。

2. 稳定性好

传统的软件开发方法以算法为核心，开发过程基于功能分析和功能分解。用传统方法建立起来的软件系统的结构紧密依赖于系统所要完成的功能，当对系统的功能需求发生变化时将引起软件结构的整体修改。事实上，用户需求变化大部分是针对功能的，因此，这样的软件系统是不稳定的。

面向对象方法基于构造问题领域的对象模型，以对象为中心构造软件系统。它的基本做法是用对象模拟问题领域中的实体，以对象间的联系刻画实体间的联系。因为面向对象的软件系统的结构是根据问题领域的模型建立起来的，而不是基于对系统应完成的功能的分解，所以，当对系统的功能需求发生变化时并不会引起软件结构的整体修改，往往仅需要做一些局部性的修改。例如，从已有类派生出一些新的子类以实现功能扩充或修改，增加或删除某些对象等。总之，由于现实世界中的实体是相对稳定的，因此，以对象为中心构造的软件系统也是比较稳定的。

3. 可重用性好

用已有的零部件装配新的产品，是典型的重用技术。例如，可用已有的预制件建造一幢结构和外形都不同于从前的新大楼。重用是提高生产率的最主要的方法之一。面向对象的软件技术在利用可重用的软件成分构造新的软件系统时，有很大的灵活性。有两种方法可以重复使用一个对象类：一种方法是创建该类的实例，从而直接使用它；另一种方法是从它派生出一个满足当前需要的新类。继承性机制使子类不仅可以重用其父类的数据结构和程序代码，而且可以在父类代码的基础上方便地修改和扩充，这种修改并不影响对原有类的使用。由于可以像使用集成电路（integrated circuit，IC）构造计算机硬件那样，比较方便地重用对象类来构造软件系统，因此，有人把对象类称为"软件 IC"。

4. 较易开发大型软件产品

在开发大型软件产品时，组织开发人员的方法不恰当往往是出现问题的主要原因。用面向对象方法学开发软件时，构成软件系统的每个对象就像一个微型程序，有自己的数据、操作、功能和用途，因此，可以把一个大型软件产品分解成一系列本质上相互独立的小产品来处理，这样不仅降低了开发的技术难度，而且也使对开发工作的管理变得容易多了。这就是为什么对于大型软件产品来说，面向对象范型优于结构化范型的原因之一。许多软件开发公司的经验都表明，当把面向对象方法学用于大型软件的开发时，不仅软件成本明显地降低了，其整体质量也提高了。

5. 可维护性好

由于下述因素的存在，使面向对象方法所开发的软件可维护性好。

1）面向对象的软件稳定性比较好。当对软件的功能或性能的要求发生变化时，通常不会引起软件结构的整体修改，往往只需做一些局部修改。由于对软件所需做的改动较小且限于局部，自然比较容易实现。

2）面向对象的软件比较容易修改。如前所述，类是理想的模块机制，它的独立性好，修改一个类通常很少会涉及其他类。如果仅修改一个类的内部实现部分（私有数据成员或成员函数的算法），而不修改该类的对外接口，则可以完全不影响软件的其他部分。面向对象软件技术特有的继承机制，使对软件的修改和扩充比较容易实现，通常只需从已有类派生出一些新类，无须修改软件原有成分。

3）面向对象的软件比较容易理解。在维护已有软件时，首先需要对原有软件与此次修改有关的部分有深入理解，才能正确地完成维护工作。传统软件之所以难于维护，在很大程度上是因为修改所涉及的部分分散在软件各个地方，需要了解的面很广，内容很多，而且传统软件的解空间与问题空间的结构很不一致，更增加了理解原有软件的难度和工作量。面向对象的软件技术符合人们习惯的思维方式，用这种方法建立的软件系统的解空间与问题空间的结构基本一致。因此，面向对象的软件系统比较容易理解，对其所做的修改和扩充，通常通过在原有类的基础上派生出一些新类来实现。由于对象类有很强的独立性，当派生新类的时候通常不需要详细了解基类中操作的实现算法。因此，所需了解的原有系统的工作量大幅度下降。

4）易于测试和调试。为了保证软件质量，对软件进行维护之后必须进行必要的测试，以确保要求修改或扩充的功能按照要求正确地实现了，而且没有影响到软件不该修改的部分。如果测试过程中发现错误，还必须通过调试改正过来。显然，软件是否易于测试和调试，是影响软件可维护性的一个重要因素。对面向对象的软件进行维护，主要通过从已有类派生出一些新类来实现。因此，维护后的测试和调试工作也主要围绕这些新派生出来的类进行。类是独立性很强的模块，向类的实例发消息即可运行它，观察它是否能正确地完成要求它做的工作，对类的测试通常比较容易实现，如果发现错误也往往集中在类的内部，比较容易调试。

8.2　面向对象的概念

对象是面向对象方法学中使用的最基本的概念，前面已经多次用到这个概念，本节再从多种角度进一步阐述这个概念，并介绍面向对象的其他基本概念。

8.2.1　对象

在应用领域中有意义的、与所要解决的问题有关系的任何事物都可以作为对象，它既可以是具体的物理实体的抽象，也可以是人为的概念，或者是任何有明确边界和意义的东西。例如，一家企业、一个花瓶、一家餐馆、一座图书馆、贷款、借款等，都可以作为一个对象。总之，对象是对问题域中某个实体的抽象，设立某个对象就反映了软件系统具有保存有关它的信息并且与它进行交互的能力。为帮助读者理解对象的概念，图 8-1 形象地描绘了具有三个操作的对象。

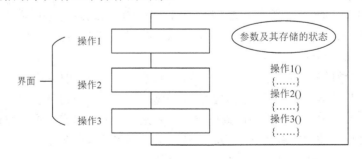

图 8-1　对象的形象表示

图 8-1 中，实现对象操作的代码和数据是隐藏在对象内部的，一个对象好像是一个黑盒子，表示它内部状态的数据和实现各个操作的代码及局部数据，都被封装在这个黑盒子内部，在外面是看不见的，更不能从外面去访问或修改这些数据或代码。

对象是指具有相同状态的一组操作的集合。这个定义主要是从面向对象程序设计的角度看对象。

对象的特点：①每个对象均有自己的唯一标识，从而区别于其他对象；②对象之间通过消息进行通信；③对象总是处于一定的状态；④对象有若干种行为；⑤对象的行为分为创建新对象、与其他对象通信、改变自身状态三类；⑥对象的状态只能被自身的行为所改变。

8.2.2　其他概念

1）类（class）。在面向对象的软件技术中，类就是对具有相同数据和相同操作的一组相似对象的定义。

2）实例（instance）。实例就是由某个特定的类所描述的一个具体的对象。

3）消息（message）。消息就是要求某个对象执行在定义它的那个类中所定义的某个操作的规格说明。

4）方法（method）。方法就是对象所能执行的操作，也就是类中所定义的服务。

5）属性（attribute）。属性就是类中所定义的数据，它是对客观世界实体所具有的性质的抽象。

6）封装（encapsulation）。封装就是把某个事物包起来，使外界不知道该事物的具体内容。

7）继承（inheritance）。继承是指能够直接获得已有的性质和特征，而不必重复定义它们。实现继承机制的原理如图 8-2 所示，图中有三个类，类 A 是父类，类 B 和类 C 是其子类。类 B 和类 C 继承类 A 中的变量和操作，同时也会有各自特有的变量和操作。在将类 C 进行实例化生成对象 c 时，会先实例化从类 A 继承过来的变量和操作，再实例化类 C 所特有的变量和操作。从图 8-2 可以看出，实例 c 同时具有类 A 和类 C 的变量和操作。

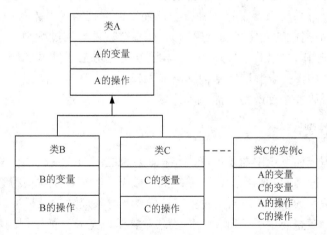

图 8-2　实现继承机制的原理

8）多态性（polymorphism）。在类等级的不同层次中可以共享（公用）一个行为（方法）的名字，然而不同层次中的每个类却各自按自己的需要来实现这个行为。

9）重载（overloading）。函数重载是指在同一作用域内的若干个参数特征不同的函数可以使用相同的函数名字；运算符重载是指同一个运算符可以施加于不同类型的操作数上面。当参数特征不同或者被操作数的类型不同时，实现函数的算法或者运算符的语义是不相同的。

8.3 面向对象建模

众所周知，在解决问题之前必须首先理解所要解决的问题。对问题理解得越透彻，就越容易解决它。当完全、彻底地理解了一个问题的时候，通常就已经解决了这个问题。为了更好地理解问题，人们常常采用建立问题模型的方法。所谓模型，就是为了理解事物而对事物做出的一种抽象，是对事物的一种无歧义的书面描述。通常，模型由一组图示符号和组织这些符号的规则组成，利用它们来定义和描述问题域中的术语和概念。更进一步讲，模型是一种思考工具，利用这种工具可以把知识规范地表示出来。模型可以帮助人们思考问题、定义术语、在选择术语时做出适当的假设，并且有助于保持定义和假设的一致性。

用面向对象方法成功开发软件的关键是对问题域的理解。面向对象方法采用最基本的原则，按照人们习惯的思维方式，用面向对象观点建立问题域模型，开发出尽可能自然地表现求解方法的软件。

用面向对象方法开发软件，通常需要建立对象模型（描述系统静态结构）、动态模型（描述系统控制结构）、功能模型（描述系统功能）。这三种模型从三个不同但又密切相关的角度模拟目标系统，从不同的侧面反映了系统的实质性内容，综合起来则全面地反映了对目标系统的需求。对象模型定义了做事情的实体；动态模型明确规定了什么时候（即在何种状态下接受了什么事件的触发）做；功能模型指明了系统应该"做什么"。一个典型的软件系统组合了这三种模型：使用数据结构（对象模型），执行操作（动态模型），完成数据值的变化（功能模型）。在整个软件开发过程中，三种模型一直都在发展和完善。在面向对象的分析过程中，构造出完全独立于实现的应用域模型；在面向对象的设计过程中，把求解域的结构逐渐加入模型中；在实现阶段，把应用域和求解域的结构都编成代码并进行严格的测试验证。

8.3.1 对象模型

对象模型描述系统中对象的静态结构、对象之间的关系、对象的属性、对象的操作。对象模型表示静态的、结构上的、系统的"数据"特征，是对模拟客观世界实体的对象及对象之间关系的映射。在面向对象方法学中，对象模型是最基本、最重要、最核心的，它为其他两种模型奠定了基础，人们依靠对象模型完成三种模型的集成。通常用 UML 提供的类图来建立对象模型，类图表示类及类之间的关系。类图的基本符号说明如下。

1. 类

UML 中类的图形符号为长方形，用两条横线把长方形分成上、中、下三个区域（下面两个区域可省略），三个区域分别是类名、属性和服务，如图 8-3 所示。

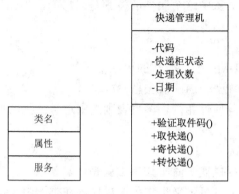

图 8-3　表示类的图形符号

针对图 8-3，定义属性和服务的相关说明如下。

（1）属性

UML 描述属性的语法格式如下：

可见性　属性名:类型名=初值{性质串}

属性的可见性（即可访问性）通常有下述三种：公有的（public）、私有的（private）和保护的（protected），分别用加号（+）、减号（-）和井号（#）表示。如果未声明可见性，则表示该属性的可见性尚未定义。注意，没有默认的可见性。可访问性为公有的时候，可以被该类的函数、子类的函数、友元函数访问，也可以被该类的对象访问；可访问性为私有的时候，只能被该类的函数和友元函数访问，子类的函数和该类的对象无法访问，在这三个限定符中封装程度是最高的；可访问性为保护的时候，可以被该类的函数、子类的函数和友元函数访问，不可以被该类的对象访问。

属性名和类型名之间用冒号（:）分隔。类型名表示该属性的数据类型，它可以是基本数据类型，也可以是用户自定义的类型。在创建类的实例时应给其属性赋值，如果给某个属性定义了初值，则该初值可作为创建实例时这个属性的默认值。

类型名和初值之间用等号（=）隔开。

用花括号括起来的性质串明确地列出该属性所有可能的取值。枚举类型的属性往往用性质串列出可以选用的枚举值，不同枚举值之间用逗号分隔。也可以用性质串说明属性的其他性质。例如，约束说明{只读}表明该属性是只读属性。

例如，图 8-3 中"快递管理机"类的属性主要有"代码""快递柜状态""处理次数""日期"，在 UML 类图中描述如下：

-代码: string

-快递柜状态:bool[]={0}

-处理次数:int=0

-日期:date

类的属性中还可以有一种能被该类所有对象共享的属性，称为类的作用域属性，也称为类变量。C++语言中的静态数据成员就是这样的属性。类变量在类图中表示为带下划线的属性。例如，快递管理机的类变量"处理次数"，用来统计快递管理机处理快递的总次数，在该类所有对象中这个属性的值都是一样的，下面是对这个属性的描述：

-处理次数:int=0

（2）服务

服务也就是操作，UML 描述操作的语法格式如下：

可见性　操作名(参数表):返回值类型{性质串}

可见性的定义方法与属性相同，参数表则是用逗号分隔的形式参数的序列。描述一个参数的语法如下：

参数名:类型名=默认值

当操作的调用者未提供实参时，该参数就使用默认值。

与属性类似，在类中也可定义类作用域操作，在类图中表示为带下划线的操作。这种操作只能存取本类的类作用域属性。

例如，图 8-3 中"快递管理机"类的服务有"验证取件码""取快递""寄快递""转快递"，在 UML 类图中描述如下：

+验证取件码(取件码): bool

+取快递(取件码): bool

+寄快递(相关信息): bool

+转快递(相关信息): bool

此处的"+"表示该方法是公有的（public），即该方法可以被该类的函数、子类的函数、友元函数和该类的对象访问。

2. 类之间的关系

类之间最常见的关系包括关联、聚集、泛化、依赖和细化，分析如下。

（1）关联

关联表示两个类的对象之间存在某种语义上的联系。例如，快递管理系统中的用户拥有用户电子卡，因此用户和用户电子卡之间存在某种语义连接，因此，在类图中应该在用户类和用户电子卡类之间建立关联关系。

1）普通关联。普通关联是最常见的关联关系，只要在类与类之间存在连接关系就可以用普通关联表示。普通关联如图 8-4 所示，其图示符号是连接两个类之间的实线。普通关联是双向的，可在一个方向上为关联起一个名字，在另一个方向上起另一个名字（也可不起名字），为避免混淆，在名字前面（或后面）加一个表示关联方向的黑三角。

图 8-4　普通关联示例

图 8-4 中有两个类：用户类和用户电子卡类。在表示关联的实线两端可以写上重数（multiplicity），它表示该类有多少个对象与对方的一个对象连接。重数的表示方法通常有以下几种形式：

0…3	表示 0 到 3 个对象
0…*或*	表示 0 到多个对象
1…10	表示 1 到 10 个对象
1+或 1…*	表示 1 到多个对象
5	表示 5 个对象

若图中未明确标出关联的重数，则默认重数是 1。图 8-4 的关联的重数表示一个用户可以拥有 1 到多个用户电子卡。

2）限定关联。限定关联通常用于在一对多或多对多的关联关系中，其目的是把模型中的重数从一对多变成一对一，或将多对多简化为多对一，在类图中把限定词放在关联关系末端的一个小方框内。

例如，某快递公司的快递点雇用了多个员工，一个员工仅属于一个快递点，在某个快递点通过员工号能唯一确定一个员工。限定关联如图 8-5 所示，其中利用限定词"员工号"表示了快递点与员工之间的关系，通过限定词"员工号"把一对多关系简化成了一对一关系。

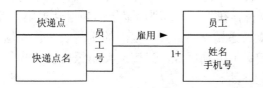

图 8-5　限定关联示例

与普通关联相比，限定关联使语义更精确，增强了查询能力。在图 8-5 中，限定的语法表明，员工号在某快递点是唯一性的 ID（但是姓名可能存在多个相同的），因此，若想要查找一个员工，首先定下快递点，然后再在快递点内检索，与普通关联的方法相比，该方法能够更快地查找出结果。因此，限定词"员工号"应该放在靠近快递点类的那一端。

3）关联类。在计算机面向对象的体系结构中，具有关联类。关联类既是类也是关联。它有着关联和类的特性。它将多个类连接起来同时又具有属性和操作。为了说明关联的性质可能需要一些附加信息。可以引入一个关联类来记录这些信息。关联中的每个连接与关联类的一个对象相联系。关联类通过一条虚线与关联连接。例如，快递管理机和用户电子卡之间产生事务时，将会有一个远程事务的关联类产生，如图 8-6 所示。该图表示每个快递管理机能够操纵多个用户电子卡，每个连接都对应一个关联类——远程事务，用于存储快递管理机对用户电子卡的操作信息。

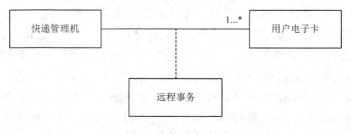

图 8-6　关联类示例

（2）聚集

聚集表示类与类之间的关系是整体与部分的关系，根据整体与部分关系相依存的程度分成共享聚集和组合聚集。

1）共享聚集。在共享聚集关系中处于部分类的对象可同时参与多个处于整体类的对象的构成。共享聚集示例如图 8-7 所示。注意：共享聚集关系用一端为空心菱形的实线表示，是关联关系的特例，是强的关联关系。共享聚集表示整体和部分不是强依赖关系，即整体不存在了，部分仍然还存在。图 8-7 中的共享聚集表示：管理小组包含了员工，由员工组成了管理小组，当管理小组被撤销时，员工不会消失，员工不会因为管理小组的解散而不存在。

图 8-7　共享聚集示例

2）组合聚集。如果部分类完全隶属于整体类，部分与整体共存，整体不存在了部分也会随之消失（或失去存在价值），则该聚集称为组合聚集。组合聚集示例如图 8-8 所示。注意：组合聚集关系用一端为实心菱形的实线表示，表示商品派单报表是由报表头和报表体（派单记录）共同组成，当商品派单报表被删除了，则报表头和派单记录也同时被删除，反之亦然。

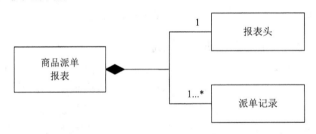

图 8-8　组合聚集示例

（3）泛化

UML 中的泛化关系就是通常所说的继承关系，它是通用元素和具体元素之间的一种分类关系。在 UML 中，用一端为空心三角形的实线表示泛化关系，三角形的顶角紧挨着通用元素。注意，泛化针对类型而不针对实例，泛化关系指出在类与类之间存在"一般-特殊"关系。一个类可以继承另一个类，但一个对象不能继承另一个对象。普通泛化与继承基本相同，需说明的是，没有具体对象的类成为抽象类。抽象类通常作为父类，用于描述其他类（子类）的公共属性和行为。由具体的两个类得到泛化关系示例如图 8-9 所示，图中左边有两个具体的类："员工事务"和"远程事务"，具有相同的属性：事务 ID、类型和日期。从这两个具体的类可以泛化出两者的父类"事务"，该父类具有两个子类共有的三个属性。如图 8-9 右边所示，建立的泛化关系中有三个类，其中事务是父类，即抽象类，员工事务类和远程事务类是该类的两个子类，都继承该父类的属性和操作。

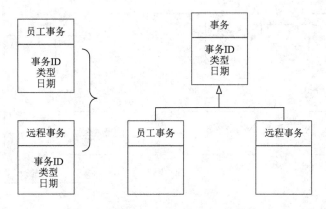

图 8-9　由具体的两个类得到泛化关系示例

建立本科生（需要做作业和考试）、研究生（需要考试和做论文）和教师（需要设计试卷）的泛化关系的类图，其中，这些类都有姓名和年龄属性，均有注册日期操作，建立具有泛化关系的类图如图 8-10 所示。该图中泛化出两个父类：教师类和学生类，类中特有的属性和操作属于各个类所有，比如教师类需要设计试卷是该类特有的操作。本科生类和研究生类的共有的操作放到其父类学生类中了。

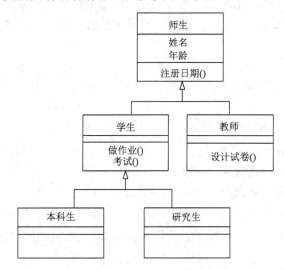

图 8-10　具有泛化关系的类图示例

图 8-10 中，利用多重继承可以提高共享程度，但是同时也增加了概念上以及实现时的复杂程度。使用多重继承机制时，通常应该指定一个主要父类，从它继承大部分属性和行为；次要父类只补充一些属性和行为。

图 8-11 给出了一个比较复杂的类图示例，该图中共有 11 个类，除了快递总公司类和快递点类之间是组合聚集关系之外，其他的类之间的关系都是普通关联关系。

（4）依赖和细化

依赖关系描述了两个模型元素（类、用例等）之间的语义连接关系：其中一个模型元素是独立的，另一个模型元素依赖于独立的模型元素，如果独立的模型元素改变了，

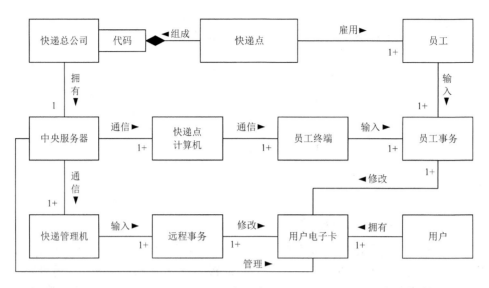

图 8-11　复杂类图示例

将影响依赖于它的模型元素。依赖关系用一端为实心三角形的虚线表示。友元关系是类之间的一种特殊关系，不仅允许友元类访问对方的 public 方法和属性，还允许友元类访问对方的 protected 和 private 方法和属性。友元关系就是一种依赖关系，友元依赖关系如图 8-12 所示。

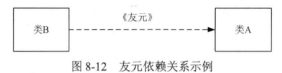

图 8-12　友元依赖关系示例

当对同一个事物在不同抽象层次上描述时，这些描述之间具有细化关系。细化关系用一端为空心三角形的虚线表示，示例如图 8-13 所示，其中设计类是系统实施中一个或多个对象的抽象，而分析类用于获取系统中主要的"职责簇"，代表系统的原型类，是系统必须处理的主要抽象概念的"第一个关口"。如果期望获得系统的"高级"概念性简述，则可对分析类本身进行维护。分析类是跨越需求和设计实现的桥梁，可产生系统设计的主要抽象。

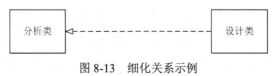

图 8-13　细化关系示例

8.3.2　动态模型

动态模型具有瞬时的、行为化的系统的"控制"性质，它规定了对象模型中的对象的合法变化序列。每一个对象都具有自己的生命周期（或称为运行周期），对一个对象来说，生命周期由许多阶段组成，生命周期中的阶段也就是对象的状态。状态与事件密不可分，一个事件分开两个状态，一个状态隔开两个事件。事件表示时刻，状态表示时间间隔。动态模型是基于事件共享而互相关联的一组状态图的集合。通常用 UML 的状态图来建立动态模型。

8.3.3　功能模型

功能模型具有变化的系统的"功能"性质,它指明了系统应该"做什么",因此更直接地反映了用户对目标系统的需求。通常,功能模型由一组数据流图组成。数据流图用来表示从源对象到目标对象的数据值的流向,它不包含控制信息,控制信息在动态模型中表示,同时数据流图也不表示对象中数据值的组织,数据值的组织在对象模型中表示。建立功能模型有助于软件开发人员更深入地理解问题域,改进和完善自己的设计,因此,不能完全忽视功能模型的作用。面向对象的分析过程通常采用用例图来建立软件系统的功能模型。

8.3.4　三种模型之间的关系

面向对象建模技术所建立的三种模型,分别从三个不同侧面描述了所要开发的系统。这三种模型相互补充、相互配合,使人们对系统的认识更加全面。下面简要地叙述三种模型之间的关系。

1)针对每个类建立的动态模型(状态转换图),描述了类实例的生命周期或运行周期。

2)状态转换图中,事件引发行为,行为可改变状态并产生事件,这些行为在数据流图中被映射成处理,在用例图中被映射成用例,它们同时与类图中的服务相对应。参与者与系统的交互称为事件。

3)功能模型中的处理(或用例)对应于对象模型中的类所提供的服务。复杂的处理(或用例)对应于复杂对象提供的服务,简单的处理(或用例)对应于更基本的对象提供的服务。一个处理(或用例)可对应多个服务,一个服务可对应多个处理(或用例)。

4)用例图中的参与者,可能是对象模型中的对象。

5)功能模型中的处理(或用例)可能产生动态模型中的事件。

对于大型软件产品而言,面向对象方法学明显优于传统的方法学,能够开发出稳定性好、可重用性好和可维护性好的软件。本章所讲述的面向对象方法及定义的概念和表示符号,可以适用于整个软件开发过程,软件开发人员无须像用结构化分析、设计技术那样,在开发过程的不同阶段转换概念和表示符号。实际上,在用面向对象方法开发软件时,阶段的划分是十分模糊的,通常在分析、设计和实现等阶段多次迭代。

习　题

1. 什么是面向对象方法?
2. 简述面向对象方法学的要点。
3. 面向对象方法学有哪些优点?
4. 面向对象建模过程中通常需要建立的模型有哪些?
5. 什么是关联类?

第9章　面向对象分析

　　面向对象分析是抽取和整理用户需求并建立问题域精确模型的过程，包括建立对象模型、动态模型、功能模型。面向对象分析的关键工作是分析、确定问题域中的对象及对象间的关系，并建立起问题域的对象模型，在建立对象模型的过程中需要确定关联、确定属性、识别继承、定义服务等。分析模型是系统分析员同用户及领域专家交流时有效的通信桥梁，最终的模型必须得到用户和领域专家的确认。一个好的分析模型应该正确完整地反映问题的本质属性，且不包含与问题无关的内容。分析的目标是全面深入地理解问题域，其中不应该涉及具体实现的考虑。但是，在实际的分析过程中完全不受与实现有关的影响也是不现实的。虽然分析的目的是用分析模型取代需求陈述，并把分析模型作为设计的基础，但是事实上，在分析与设计之间并不存在绝对的界限。

9.1　面向对象分析的基本过程

9.1.1　概述

　　通常，面向对象分析过程从分析陈述用户需求的文件开始。可能由用户（包括出资开发该软件的业主代表及最终用户）单方面写出需求陈述，也可能由系统分析员配合用户共同写出需求陈述。当软件项目采用招标方式确定开发单位时，标书往往可以作为初步的需求陈述。

　　需求陈述通常是不完整、不准确的，而且往往是非正式的。通过分析，可以发现和改正原始陈述中的二义性和不一致性问题，补充遗漏的内容，从而使需求陈述更完整、更准确。因此，不应该认为需求陈述是一成不变的，而应该把它作为细化和完善实际需求的基础。在分析需求陈述的过程中，系统分析员需要反复多次地与用户协商、讨论、交流信息，还应该通过调研了解现有的类似系统。正如以前多次讲过的，快速建立起一个可在计算机上运行的原型系统，非常有助于系统分析员和用户之间的交流和理解，从而更准确地提炼出用户的需求。

　　接下来，系统分析员应该深入理解用户需求，抽象出目标系统的本质属性，并用模型准确地表示出来。用自然语言书写的需求陈述通常是有二义性的，内容往往不完整、不一致。分析模型应该成为对问题的精确而又简洁的表示。后继的设计阶段将以分析模型为基础。更重要的是，通过建立分析模型能够纠正在开发早期对问题域的误解。

　　在面向对象建模的过程中，系统分析员必须认真向特定领域专家学习，尤其是建模过程中的分类工作往往有很大难度。继承关系的建立实质上是知识抽取过程，它必须反映出一定深度的领域知识，这不是系统分析员单方面努力所能做到的，必须有特定领域专家的密切配合才能完成。

在面向对象建模的过程中，还应该仔细研究以前针对相同的或类似的问题域进行面向对象分析所得到的结果。由于面向对象分析的结果具有稳定性和可重用性，这些结果往往有许多是可以重用的。

9.1.2　三个子模型与五个层次

面向对象建模的关键是识别出问题域内的类，并分析它们相互间的关系，最终建立起对象模型、动态模型和功能模型，其中，对象模型是最基本、最重要、最核心的。这三种模型包含系统的三个要素，即静态结构（对象模型）、交互次序（动态模型）和数据变换（功能模型）。解决的问题不同，这三个子模型的重要程度也不同：几乎解决任何一个问题，都需要从客观世界实体及实体间相互关系抽象出极有价值的对象模型；当问题涉及交互作用和时序时（如用户界面及过程控制等），动态模型是重要的；解决运算量很大的问题（如高级语言编译、科学与工程计算等），则涉及重要的功能模型。动态模型和功能模型中都包含了对象模型中的操作（即服务或方法）。复杂问题（大型系统）的对象模型通常由下述五个层次组成：主题层、类层、结构层、属性层和服务层。它们对应着在建立对象模型的过程中所应完成的五项工作。

解决问题不同，三个子模型的重要程度也不同。采用五个层次的面向对象分析过程如图 9-1 所示。

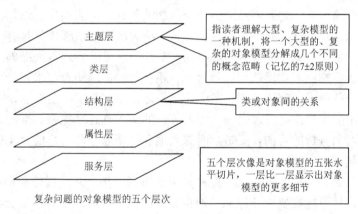

图 9-1　面向对象分析的过程

图 9-1 所示的面向对象分析过程中建立对象模型的五项主要活动包括：寻找类、识别结构、识别主题、定义属性、定义服务。这五个层次大致的方向是从抽象到具体。面向对象分析不可能严格地按预定顺序进行，大型、复杂系统的模型需要反复构造多遍才能建成。先构造模型的子集，然后再逐渐扩充，再到完全地理解整个问题，最终建立整个模型。在概念上可以认为，面向对象分析大体上按照下列顺序进行：建立功能模型、建立对象模型、建立动态模型、定义服务。

9.2 建立功能模型

9.2.1 需求陈述

需求陈述是阐明"做什么",而不是"怎样做"。通常,需求陈述的内容包括:问题范围、功能需求、性能需求、应用环境、假设条件。

需求陈述应该描述用户的需求而不是提出解决问题的方法,应该指出哪些是系统必要的性质、哪些是任选的性质。应该避免对设计策略施加过多的约束,也不要描述系统的内部结构,因为这样做将限制实现的灵活性。对系统性能及系统与外界环境交互协议的描述,对采用的软件工程(标准、模块构造准则、将来可能做的扩充及可维护性要求等方面)的描述,都是适当的需求。

9.2.2 书写要点

书写需求陈述时,要尽力做到语法正确,而且应该慎重选用名词、动词、形容词和同义词。不少用户书写的需求陈述,都把实际需求和设计策略混为一谈。系统分析员必须把需求与设计策略区分开,后者是一类伪需求,分析员至少应该认识到它们不是问题域的本质。

需求陈述可简可繁。对人们熟悉的传统问题的陈述,可能相当详细,相反,对陌生领域项目的需求,开始时可能写不出具体细节。绝大多数需求陈述都是有二义性的、不完整的甚至不一致的。某些需求有明显错误;某些需求虽然表述得很准确,但它们对系统行为存在不良影响或者实现起来造价太高;还有一些需求初看起来很合理,但却并没有真正反映用户的需要。应该看到,需求陈述是理解用户需求的出发点,它并不是一成不变的文档。不能指望没有经过全面、深入分析的需求陈述是完整、准确、有效的。随后进行的面向对象分析的目的,就是全面深入地理解问题域和用户的真实需求,建立起问题域的精确模型。

系统分析员必须与用户及领域专家密切配合协同工作,共同提炼和整理用户需求。在这个过程中,很可能需要快速建立起原型系统,以便与用户更有效地交流。

9.2.3 需求陈述示例

某快递总公司投资购买了一个中央服务器、多个快递点计算机、多台快递管理机,拟开发一个快递管理系统,该系统由中央服务器、快递点计算机、快递管理机、员工终端组成。快递点负责提供员工终端,快递点计算机和员工终端设在快递点大厅,多台快递管理机分别设在全市各主要小区和学校等人口聚集的地方。该系统的软件开发成本由该快递总公司承担。

快递点的快递公司员工使用员工终端输入快递事务。用户寄快递和取快递等信息都可以存储到用户电子卡。所谓用户电子卡就是一张有卡号的电子卡,上面有用户个人信息、快递服务点代码和快递管理机代码。用户也可以从自己的电子卡中查询快递信息。通常,一个用户可拥有多张电子卡。员工把存快递或取快递事务输进员工终端。员工终端与相应的快递点计算机通信，中央服务器管理用户电子卡并具体处理针对用户电子卡的事务。

　　用户可以通过快递管理机进行交互，包括转快递、取快递、寄快递和打印凭条等。当用户选择取快递、寄快递、转快递时，该快递管理机就与用户交互，以获取有关这次事务（该事务称为远程事务）的信息；快递管理机与中央服务器交换关于事务的信息。以取快递为例，首先，快递管理机要求用户输入取件码；接下来快递管理机请求中央服务器处理这次事务，中央服务器根据取件码确定这次事务与快递管理机的对应关系，如果用户输入的取件码是正确的，快递管理机就打开快递柜门，要求用户拿走快递并关上快递柜门；最后，快递管理机根据用户的要求打印出取件凭条交给用户。

　　上述需求描述是本书讲述面向对象分析和面向对象设计时使用的一个实例。基于该需求描述，得到图 9-2 所示的快递管理系统体系结构图。

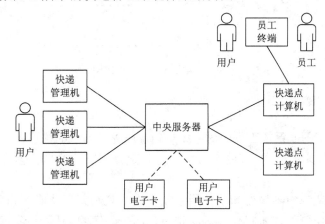

图 9-2　快递管理系统体系结构图

　　图 9-2 清晰地描述了用户可以通过快递点员工终端和快递管理机两种方式取快递，中央服务器与快递点计算机和快递管理机进行通信，并且管理用户电子卡。

9.2.4　建立用例图

　　基于需求陈述，建立用例图。用例图的图形元素包括系统、参与者、用例和关系（包括参与者与用例之间的关系、用例和用例之间的关系）。快递管理系统用例图如图 9-3 所示，方框代表系统；椭圆代表用例（转快递、取快递、寄快递等是快递管理系统的典型用例）；用户可以执行的系统功能包括转快递、取快递、寄快递、打印凭条；快递公司员工除了可以执行用户可以执行的系统功能外，还可以执行的系统功能有存快递、拿走快递和维护系统；用户和快递公司员工代表参与者，参与者与用例之间关系用连线表示。

1. 系统

　　系统被看作是一个提供用例的黑盒子，而系统内部是如何工作的和用例如何实现对于建造模型来说都是不重要的。

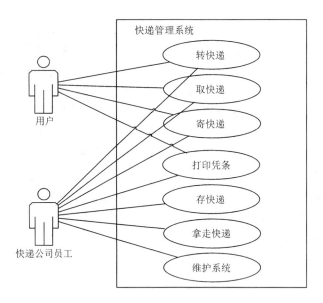

图 9-3　快递管理系统用例图

2. 用例

用例是软件工程或系统工程中对系统如何反应外界请求的描述，是一种通过用户的使用场景来获取需求的技术。通俗地讲，一个用例是可以被参与者感受到的、系统的一个完整的功能。

用例也可以理解为参与者为了使用系统提供的某一完整功能而和系统之间发生的一段对话。通过用例的基本事件流与备选流的组合，可将用例所有可能发生的各种场景全部描述清楚（最常见的场景是用基本事件流来描述的，其他的场景则是用备选流来描述）。基本事件流和备选流是指该用例在某一执行期间内出现的一系列事件，描述用户（或其他外部设备）与目标系统之间的一个或多个典型的交互过程，以便对目标系统的行为有更具体的认识，需要保证不遗漏重要的交互步骤，确保整个交互过程的正确性和清晰性。

对于用例描述的内容，一般没有硬性规定的格式，但一些必须或者重要的内容需要写进用例描述里面。用例描述一般包括简要描述（说明）、前置（前提）条件、基本事件流、备选流、异常事件流、后置（事后）条件等。

简要描述：对用例的角色、目的的简要描述。

前置条件：执行用例之前系统必须要处于的状态，或者要满足的条件。

基本事件流：指每个流程都正常运作时所发生的事情，没有任何备选流和异常事件流，只有最有可能发生的事件流。

备选流：表示这个行为或流程是可选的或备选的，并不是总要执行它们。

异常事件流：表示发生了某些非正常的事情所要执行的流程。

后置条件：用例一旦执行后系统所处的状态。

设计快递管理系统取快递用例描述如表 9-1 所示。

表 9-1　取快递用例描述

用例名称	取快递
简要描述	用户从快递管理机里取快递
参与者	用户、快递管理机
前置条件	快递到了快递管理机
基本事件流	1. 快递管理机显示包括取快递在内的服务功能，用户选择"取快递" 2. 快递管理机进入到取快递页面，客户输入取件码 3. 快递管理机验证该取件码的有效性 4. 取件码有效，快递管理机打开相应的快递柜门，提醒用户拿走快递 5. 用户拿走快递 6. 快递管理机向后台服务器通知该取件码的快递已经被取出，取件成功的确认信息，打印并吐出凭条 7. 快递管理机提醒用户关快递柜门 8. 快递管理机询问用户是否继续服务 9. 客户选择否，结束用例，否则回到步骤 1 [用例结束]
备选流和异常事件流	2a. 用户取消服务： 快递管理机记录服务取消 [用例失败] 2b. 用户未及时输入，超过 30 秒： 快递管理机记录服务取消 [用例失败] 3a. 取件码无效： 　　3a1. 用户重新输入取件码： 　　　　3a1(1). 取件码有效：继续 3b 　　　　3a1(2). 取件码无效：继续 3a 　　3a2. 累计三次取件码错误： 　　快递管理机记录服务取消[用例失败] 3b. 取件码有效，但快递超过免费存放时间或超过存放时间未取： 　　3b1. 快递滞留快递管理机超过免费存放时间未超过存放时间，用户需要缴纳延时费用： 　　　　3b1(1). 用户在 30 秒内支付延时费用： 　　继续步骤 4 　　　　3b1(2). 用户在 30 秒内未支付延时费用： 　　快递管理机记录服务取消 [用例失败] 　　3b2. 快递滞留快递管理机超过存放时间： 　　快递寄回寄件人[用例失败] 3c. 快递管理机代码无效 4a. 快递管理机故障： 快递柜门打不开，快递管理机记录服务取消[用例失败] 5a. 用户未及时取走快递，超过 30 秒： 快递管理机记录服务取消 [用例失败] 6a. 网络失效或通信超时： 快递管理机记录服务取消[用例失败]
后置条件	取快递成功后快递状态变为"已取"
扩展点	[待定]
非功能需求	快递管理机响应用户时间不超过 15 秒
业务规则	3b1. 免费存放 24 小时；此外延长存放 6 天，每天 1 元 3b2. 累计存放时间不超过 7 天

即使在需求陈述中已经描写了完整的交互过程，也还需要花很大精力构思交互的形式。例如，快递管理系统的需求陈述，虽然表明了应从用户那里获取有关事务的信息，但并没有准确说明获取信息的具体过程，对动作次序的要求也是模糊的。因此，描述用例的过程，实质上就是分析用户对系统交互行为的要求的过程。在描述用例的过程中，需要与用户充分交换意见，编写后还应该经过用户审查与修改。

在描述用例时，首先，编写基本事件流（正常交互情况）；其次，考虑特殊情况，如输入或输出的数据为最大值（或最小值）；最后，考虑出错情况，如输入的值为非法值或响应失败。对大多数交互式系统来说，出错处理都是最难实现的部分。如果可能，应该允许用户"异常中止"一个操作或"取消"一个操作。此外，还应该提供诸如"帮助"和状态查询之类的在基本交互行为之上的"通用"交互行为。

3. 参与者

参与者是指与系统交互的人或其他系统，代表外部实体。使用用例并且与系统交互的任何人或物都是参与者。参与者和用例用直线连接，表示两者之间交换信息，称为通信联系。参与者触发用例，并与用例交换信息。单个参与者可以与多个用例联系，同理单个用例同样可以与多个参与者联系。

图 9-3 中，作为参与者，用户有四个用例，分别是转快递、取快递、寄快递和打印凭条。用户可以在快递点或快递管理机通过提供快递取件码取快递。用户也可以寄快递，寄快递时需要填写相关信息，如收件人信息、寄件人信息、寄送目的地、发货地及货物信息，填写完相应信息后可以打印寄快递的凭条。当快递已经到达目的地，用户想将快递转寄到别的地方时，就需要进行转快递。寄快递和转快递都需要支付额外费用。此外，如果快递取件码逾期了，也需要支付逾期保管费用。作为参与者，快递公司员工除了具有用户的用例之外，还有其特有的用例，分别是存快递、拿走快递和维护系统。当快递到达快递点或快递管理机时，快递公司员工将快递放入快递点或快递管理机的快递柜中，然后给用户发送快递取件码并通知用户来取件。若有快递长时间未被取走，或者快递投递有误，快递公司员工将会将这些快递取走并进行相应处理。快递管理系统不可能永远正常地运行，当发生故障时则需由快递公司员工进行维护。

注意：参与者代表一种角色，而不是某个具体的人或物。例如，使用快递管理机的人既可以是张三（取快递）也可以是李四（寄快递），但是不能把张三、李四这样的个体对象称为参与者。事实上，一个具体的人可以充当多种不同角色。例如，快递公司员工也可以作为一个用户，作为用户时可以执行用户的操作（如存快递、取快递等），而作为一个快递公司员工时可以执行快递公司员工的操作（如维护系统、存快递等）。

4. 用例之间的关系

用例之间的关系总结如表 9-2 所示。包含关系和扩展关系分别用含有关键字 <<include>> 和 <<extend>> 的带箭头的虚线表示，其中包含关系箭头指向被包含的用例，扩展关系箭头指向被扩展的用例。用例泛化与类之间的泛化关系的表示法类似，用一个空心三角箭头的实线表示，从子用例指向父用例。

表 9-2 用例之间的关系图

关系	功能	表示法
关联关系	参与者与用例间的通信路径	————
扩展关系	扩展用例对基用例的功能进行扩充，即在基用例上插入基用例不能说明的扩展部分	《extend》
泛化关系	用例之间的一般和特殊关系，其中特殊用例（子用例）继承了一般用例（父用例）的特性并增加了新的特性，当父用例能够被使用时，任何子用例也可以被使用	————▷
包含关系	在基用例之上插入附加行为，并且具有明确的描述，基用例会用到被包含用例，基用例可以简单地包含其他用例具有的行为，并把它所包含的用例行为作为自身行为的一部分	《include》

基于图 9-3，增加扩展关系、泛化关系和包含关系的用例图，如图 9-4 所示。

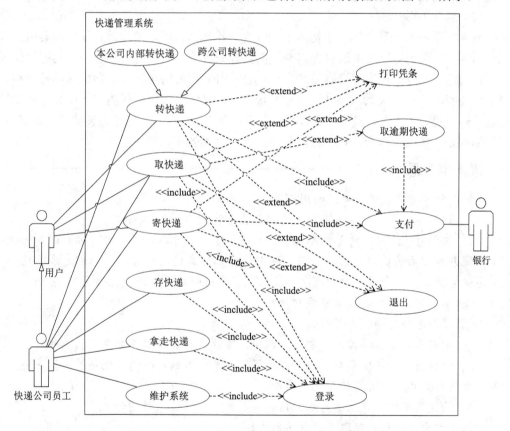

图 9-4 含关联、扩展、泛化、包含关系的用例图

（1）关联关系

在 UML 模型中，关联是指两个类元（如类或用例）之间的关系，这两个类元用来描述该关系的原因及管理规则，使一个类元知道另一个类元的属性和方法。如图 9-4 所示，用户和转快递、取快递等与之用直线连接的用例之间都是关联关系。

（2）扩展关系

扩展关系是指扩展用例对基用例的功能进行扩充，即在基用例上插入基用例不能说明的扩展部分。在快递管理系统中，在转快递、取快递、寄快递操作之后都可以退出系统。

在转快递、取快递、寄快递之后都可以选择打印凭条操作，也可以选择不打印凭条操作。

（3）泛化关系

用例图中的泛化关系包括用例之间的泛化关系及参与者之间的泛化关系。

1）用例之间的泛化关系：特殊用例（子用例）继承了一般用例（父用例）的特性并增加了新的特性，当父用例能够被使用时，任何子用例也可以被使用。在图9-4中，转快递用例是父用例，跨公司转快递和本公司内部转快递是子用例。

2）参与者之间的泛化关系：在图9-4中，快递公司员工与用户的关系是泛化关系，其中快递公司员工参与者继承用户参与者的特性（如取快递、寄快递、转快递等），除此之外，快递公司员工还有新的特性（如维护系统、拿走快递、存快递）。

（4）包含关系

包含关系是指在基用例之上插入附加行为，并且具有明确的描述，基用例会用到被包含用例，基用例可以简单地包含其他用例具有的行为，并把它所包含的用例行为作为自身行为的一部分。在快递管理系统中，与登录用例相连的转快递、存快递等操作和登录用例之间就是包含关系，登录用例作为转快递、存快递等用例行为的一部分，即如果要进行转快递、存快递等操作，则必须要先进行登录。同理，支付也是转快递、寄快递、取逾期快递用例的一部分，在执行这三种操作时都需要支付费用。

课堂思考题

按下列步骤建模售票系统的用例图。

1）识别参与者：为获取用例首先要找出系统的不同的参与者。

2）识别用例：用例总是被参与者启动的，因此，可以让每个参与者叙述如何使用系统或希望系统提供什么功能来识别用例。参与者提出的每个功能都是系统的一个用例，所有参与者提出的所有用例就构成了系统的功能需求，思考如下问题：

① 参与者需要系统提供哪些功能？

② 参与者特定的任务是什么？

③ 参与者是否需要读取、创建、删除、修改或存储系统中的某类信息等？

3）识别关系：包括参与者与用例之间的关系；用例之间的泛化关系、扩展关系和包含关系；参与者之间的泛化关系等。

4）构建用例图：包括参与者、用例、关系、系统这四种图形元素。

以上四步是迭代式获取并建立用例图的。

9.3　建立对象模型

对象模型是面向对象建模中最关键的一个模型，通常通过类图、类的实例（即对象）图和它们之间的关系（关联、继承、聚集等关系）表示，描述了现实世界中的"类"以及它们之间的关系，表示了目标系统的静态数据结构。静态数据结构对应用细节依赖较少，比较容易确定；当用户的需求变化时，静态数据结构相对来说比较稳定。因此，用面向对象方法开发绝大多数软件时，都首先建立对象模型，然后再建立另外两个子模型。

需求陈述、应用领域的专业知识及关于客观世界的常识，是建立对象模型时的主要信息来源。如前所述，对象模型通常有五个层次。其典型的工作步骤是：首先确定类及关联（因为它们影响系统整体结构和解决问题的方法），对于大型复杂问题还要进一步划分出若干个主题；然后对类和关联类增添属性，以进一步描述它们；接下来利用适当的继承关系进一步合并和组织类；而对类中操作的最后确定，则需等到建立了动态模型和功能模型之后，因为这两个子模型更准确地描述了对类中提供的服务的需求。

应该再一次强调指出的是，人认识客观世界的过程是一个渐进过程，是在继承前人知识的基础上，经反复迭代而不断深化的。因此，面向对象分析不可能严格按照顺序线性进行。初始的分析模型通常都是不准确、不完整甚至包含错误的，必须在随后的反复分析中加以扩充和更正。此外，在面向对象分析的每一步，都应该仔细分析研究以前针对相同的或类似的问题域进行面向对象分析所得到的结果，并尽可能重用这些结果。后面在讲述面向对象分析的具体过程时，对上述内容将不再赘述。

9.3.1　确定类

类是在问题域中客观存在的，系统分析员的主要任务就是通过分析找出这些类。首先找出所有候选类，然后从候选类中筛选掉不正确的或不必要的。针对快递管理系统，建立对象模型过程如下。

1. 通过名词解析法找出候选类

类是对问题域中有意义的事物的抽象，它们既可能是物理实体，也可能是抽象概念。具体地说，大多数客观事物可分为下述五类：①可感知的物理实体，如快递管理机、员工终端、中央服务器等；②人或组织的角色，如员工、用户、快递总公司、快递点等；③应该记忆的事件，如事务、飞行、演出等；④两个或多个对象的相互作用，通常具有交易或接触的性质，如访问、通信等；⑤需要说明的概念，如成本、用户电子卡等。

在分析所面临的问题时，可以参照上列五类常见事物，找出在当前问题域中的候选类。通过名词方法得到如下快递管理系统名词：快递总公司，快递管理机，系统，中央服务器，快递点计算机，员工终端，网络，小区，学校，快递点，快递服务点，快递点大厅，软件，成本，用户，快递，信息，用户电子卡，电子卡，需求，卡号，用户个人信息，代码，快递公司员工，员工，类型，快递事务，事务，取件码，快递柜门，凭条。

通常，在需求陈述中不会一个不漏地写出问题域中所有有关的类，因此，分析员应该根据领域知识或常识进一步把隐含的类提取出来。

2. 筛选出正确的类

显然，仅通过一个简单、机械的过程不可能正确地完成分析工作。非正式分析仅仅帮助人们找到一些候选类，接下来应该严格考察每个候选类，从中去掉不正确的或不必要的，仅保留确实应该记录其信息或需要其提供服务的那些类。筛选时主要依据下列标准，删除不正确或不必要的类。

（1）无关名词（成本、小区、学校、快递点大厅）

现实世界中存在许多类，不能把它们都纳入系统中，仅需要把与本问题密切相关的类放进目标系统中。有些类在其他问题中可能很重要，但与当前要解决的问题无关，同样也应该把它们删除。

以快递管理系统为例，这个系统并不处理分摊软件开发成本的问题，而且快递管理机和员工终端放置的地点与本软件的关系也不大。因此，应该去掉候选类"成本""小区""学校""快递点大厅"。

（2）冗余名词（电子卡、快递服务点、快递公司员工、快递事务）

用户电子卡与电子卡两者冗余，去掉电子卡；快递点与快递服务点两者冗余，去掉快递服务点；快递公司员工与员工两者冗余，去掉快递公司员工；快递事务和事务两者冗余，去掉快递事务。因此得到四个去除冗余的名词：用户电子卡、快递点、员工、事务。

（3）笼统名词（信息、网络、系统、软件、用户个人信息、需求）

在需求陈述中常常使用一些笼统的、泛指的名词，虽然在初步分析时把它们作为候选类列出来了，但是，要么系统无须记忆有关它们的信息，要么在需求陈述中有更明确更具体的名词对应它们所暗示的事务，因此，通常把这些笼统的或模糊的类去掉。

以快递管理系统为例，"信息"的具体内容在需求陈述中随后就指明了。此外还有一些笼统含糊的名词。总之，在本例中应该去掉"信息""网络""系统""软件""用户个人信息""需求"等候选类。

（4）属性名词（卡号、代码、类型、取件码、凭条、快递、快递柜门）

在需求陈述中有些名词实际上描述的是其他对象的属性，应该把这些名词从候选类中去掉。当然，如果某个性质具有很强的独立性，则应把它作为类而不是作为属性。

在快递管理系统的例子中，"卡号""代码""类型""取件码""凭条""快递""快递柜门"等，实际上都应该作为属性对待。

（5）操作

在需求陈述中有时可能使用一些既可作为名词，又可作为动词的词，应该慎重考虑它们在本问题中的含义，以便正确地决定把它们作为类还是作为类中定义的操作。例如，谈到电话时通常把"拨号"当作动词，当构造电话系统模型时确实应该把它作为一个操作，而不是一个类。但是，在开发电话系统时，"拨号"需要有自己的属性（如日期、时间、受话地点等），因此应该把它作为一个类。总之，本身具有属性需独立存在的操作，应该作为类。

（6）实现

在分析阶段不应该过早地考虑怎样实现目标系统。因此，应该去掉仅和实现有关的候选类。在设计和实现阶段，这些类可能是重要的，但在分析阶段过早地考虑它们反而会分散人们的注意力。

综上所述，在快递管理系统的例子中，经过初步筛选，获得下列名词（共10个）：快递总公司，快递管理机，中央服务器，快递点计算机，员工终端，快递点，用户，用户电子卡，员工，事务。这些名词将作为类存在。

9.3.2　确定关联

多数人习惯于在初步分析确定了问题域中的类之后，接下来就分析确定类之间存在的关联关系。当然，这样的工作顺序并不是绝对必要的。由于在整个开发过程中面向对象概念和表示符号的一致性，分析员在选取自己习惯的工作方式时拥有相当大的灵活性。

如前所述，两个或多个对象之间的相互依赖、相互作用的关系就是关联。分析确定关联，能促使分析员考虑问题域的边缘情况，有助于发现那些尚未被发现的类。在分析确定关联的过程中，不必花过多的精力去区分关联和聚集。事实上，聚集不过是一种特殊的关联，是关联的一个特例。

1. 初步确定关联

在需求陈述中使用的描述性动词或动词词组，通常表示关联关系。因此，在初步确定关联时，大多数关联可以通过直接提取需求陈述中的动词词组而得出。通过分析需求陈述，还能发现一些在陈述中隐含的关联。最后，分析员还应该与用户及领域专家讨论问题域实体间的相互依赖、相互作用关系，根据领域知识再进一步补充一些关联。以快递管理系统为例，经过分析初步确定出下列关联，如表 9-3 所示。

表 9-3　初步确定关联

直接提取动词短语得出的关联（共 24 个）	隐含的关联（共 3 个）
1）某快递总公司投资购买了一个中央服务器、多台快递点计算机、多台快递管理机	25）中央服务器与快递管理机通信
2）某快递总公司拟开发一个快递管理系统	26）中央服务器与快递点计算机通信
3）该系统由中央服务器、快递点计算机、快递管理机、员工终端组成	27）快递总公司由多个快递点组成
4）快递点负责提供员工终端	根据问题域知识得出的关联（共 1 个）
5）快递点计算机和员工终端设在快递点大厅	28）快递点雇用员工
6）多台快递管理机分别设在全市各主要小区和学校等人口聚集的地方	
7）该系统的软件开发成本由快递总公司承担	
8）员工使用员工终端输入事务	
9）用户存快递和取快递等信息都可以存储到用户电子卡	
10）用户电子卡就是一张有卡号的电子卡，上面有用户个人信息、快递服务点代码和快递管理机代码	
11）用户也可以从自己的电子卡中查询快递信息	
12）一个用户可拥有多个电子卡	
13）员工负责把事务输进员工终端	
14）员工终端与相应的快递点计算机通信	
15）中央服务器管理用户电子卡并具体处理针对用户电子卡的事务	
16）用户可以通过快递管理机转快递、取快递、寄快递和打印凭条等	
17）当用户选择类型（取快递、寄快递、转快递）时，该快递管理机就与用户交互，以获取有关这次事务（该事务称为远程事务）的信息	
18）快递管理机与中央服务器交换关于事务的信息	
19）快递管理机要求用户输入取件码，快递管理机把信息传给中央服务器	
20）快递管理机请求中央服务器处理这次事务	
21）中央服务器根据取件码确定这次事务与快递管理机的对应关系	
22）快递管理机打开快递柜门，要求用户拿走快递并关上快递柜门	
23）快递管理机根据用户的要求打印出取件凭条交给用户	
24）快递管理机与用户进行交互	

2. 筛选

(1) 初步筛选后的关联

经初步分析得出的关联只能作为候选的关联，还需经过进一步筛选，以去掉不正确的或不必要的关联，初步筛选后得到的关联如表 9-4 所示。

表 9-4　初步筛选后得到的关联

直接提取动词短语得出的关联	隐含的关联
1）某快递总公司投资购买了一个中央服务器、多台快递点计算机、多台快递管理机 分解成： 　　1-1）快递总公司投资购买一个中央服务器 　　1-2）快递总公司投资购买多台快递点计算机 　　1-3）快递总公司投资购买多台快递管理机	25）中央服务器与快递管理机通信[同第18-1）项，去掉] 26）中央服务器与快递点计算机通信 27）快递总公司由多个快递点组成
2）某快递总公司拟开发一个快递管理系统（去掉） 3）该系统由中央服务器、快递点计算机、快递管理机、员工终端组成（去掉） 4）快递点负责提供员工终端（去掉） 5）快递点计算机和员工终端设在快递点大厅（去掉） 6）多台快递管理机分别设在全市各主要小区和学校等人口聚集的地方（去掉） 7）该系统的软件开发成本由快递总公司承担（去掉） 8）员工使用员工终端输入事务 分解成： 　　8-1）员工输入事务 　　8-2）在员工终端输入事务 9）用户存快递和取快递等信息都可以存储到用户电子卡（去掉） 10）用户电子卡就是一张有卡号的电子卡，上面有用户个人信息、快递服务点代码和快递管理机代码（去掉） 11）用户也可以从自己的电子卡中查询快递信息（去掉） 12）一个用户可拥有多个电子卡 13）员工负责把事务输进员工终端[同第8）项，去掉] 14）员工终端与相应的快递点计算机通信 15）中央服务器管理用户电子卡并具体处理针对用户电子卡的事务 分解成： 　　15-1）中央服务器管理用户电子卡 　　15-2）中央服务器具体处理事务 　　15-3）事务修改用户电子卡 16）用户可以通过快递管理机转快递、取快递、寄快递和打印凭条等（去掉） 17）当用户选择类型：取快递、寄快递、转快递时，该快递管理机就与用户交互，以获取有关这次事务（该事务称为远程事务）的信息（去掉） 18）快递管理机与中央服务器交换关于事务的信息 分解成： 　　18-1）快递管理机与中央服务器通信 　　18-2）在快递管理机上输入事务 19）快递管理机要求用户输入取件码，快递管理机把信息传给中央服务器（去掉） 20）快递管理机请求中央服务器处理这次事务[同第18）项，去掉] 21）中央服务器根据取件码确定这次事务与快递管理机的对应关系（去掉） 22）快递管理机打开快递柜门，要求用户拿走快递并关上快递柜门（去掉） 23）快递管理机根据用户的要求打印出取件凭条交给用户（去掉） 24）快递管理机与用户进行交互（去掉）	根据问题域知识得出的关联 28）快递点雇用员工

表 9-4 筛选时主要根据下述筛选标准：

1）去掉已删去的类之间的关联。如果在分析确定类的过程中已经删掉了某个候选类，则与这个类有关的关联也应该删去，或用其他类重新表达这个关联。以快递管理系统为例，由于已经删去了候选类：成本、小区、学校、快递点大厅、电子卡、快递服务点、快递公司员工、快递事务、信息、网络、系统、软件、用户个人信息、需求、卡号、代码、类型、取件码、凭条、快递、快递柜门。因此，与这些类有关的关联也应该删去。

2）去掉与问题无关的或在实现阶段考虑的关联。应该把处在本问题域之外的关联或与实现密切相关的关联删去。

3）去掉瞬时事件。关联应该描述问题域的静态结构，而不应该是一个瞬时事件。以快递管理系统为例，表 9-4 中"快递管理机与用户进行交互"描述了快递管理机与用户交互周期中的一个动作，它并不是快递管理机与用户之间的固有关系，因此应该删去。

4）去掉冗余关联。应该去掉那些可以用其他关联定义的冗余关联。

5）增加隐含的关联。如果用动作表述的需求隐含了问题域的某种基本结构，则应该用适当的动词词组重新表示这个关联。例如，在快递管理系统的需求陈述中，"某快递总公司投资购买了一个中央服务器、多台快递点计算机、多台快递管理机；某快递总公司拟开发一个快递管理系统；该系统由中央服务器、快递点计算机、快递管理机、员工终端组成；快递点负责提供员工终端；快递点计算机和员工终端设在快递点大厅"隐含了"快递管理机与中央服务器通信""中央服务器与快递点计算机通信""快递总公司由多个快递点组成"这样的三个关联关系。

6）增加根据问题域得到的关联。在快递管理系统中，"快递点雇用员工"的关联是可以通过问题域得到的，该关联需要增加进来。

7）将三元关联分解为多个二元关联。三个或三个以上类之间的关联，大多可以分解为多个二元关联或用词组描述成限定的关联。在快递管理系统的例子中，有如下三元关联，分解成二元关联如下：

"中央服务器管理用户电子卡并具体处理针对用户电子卡的事务"分解成"中央服务器管理用户电子卡""中央服务器具体处理事务""事务修改用户电子卡"。

"快递管理机与中央服务器交换关于事务的信息"分解成"快递管理机与中央服务器通信"和"在快递管理机上输入事务"。

（2）经过删除、增加、去掉冗余和三元关联分解后得到的关联

经过删除、增加、去掉冗余和三元关联分解后，得到如表 9-5 所示 15 个关联关系。

表 9-5 经过删除、增加、去掉冗余和三元关联分解后得到的关联

序号	经过删除、增加、去掉冗余和三元关联分解后得到的关联
1	1-1）快递总公司投资购买一个中央服务器
2	1-2）快递总公司投资购买多台快递点计算机
3	1-3）快递总公司投资购买多台快递管理机
4	8-1）员工输入事务
5	8-2）在员工终端输入事务

续表

序号	经过删除、增加、去掉冗余和三元关联分解后得到的关联
6	12）一个用户可拥有多个电子卡
7	14）员工终端与相应的快递点计算机通信
8	15-1）中央服务器管理用户电子卡
9	15-2）中央服务器具体处理事务
10	15-3）事务修改用户电子卡
11	18-1）快递管理机与中央服务器通信
12	18-2）在快递管理机上输入事务
13	26）中央服务器与快递点计算机通信
14	27）快递总公司由多个快递点组成
15	28）快递点雇用员工

3. 进一步完善

应该进一步完善经筛选后余下的关联，通常从下述几个方面进行改进。

（1）正名

好的名字是帮助读者理解的关键因素之一。因此，应该仔细选择含义更明确的名字作为关联名。例如，"快递总公司投资购买一个中央服务器"和"快递总公司投资购买多台快递管理机"改为："快递总公司拥有一个中央服务器"和"快递总公司拥有多台快递管理机"。

（2）去掉冗余关联

表 9-5 经正名后，其中有三个关联："快递总公司拥有一个中央服务器""快递总公司拥有多台快递管理机""快递管理机与中央服务器通信"，因为第二个关联是可以由另外两个关联派生出来的，属于冗余关联，因此"快递总公司拥有多台快递管理机"的关联是可以去掉的，因为快递总公司可以通过中央服务器来获取与快递管理机的联系。类似"快递总公司拥有多台快递点计算机"的关联可以去掉。

"中央服务器具体处理事务"可以通过"快递管理机通信与中央服务器通信""在快递管理机上输入事务"派生而得到，因此，"中央服务器具体处理事务"关联可以去掉。

经过正名和进一步去掉冗余后得到的关联如表 9-6 所示。

（3）分解与补充

为了能够适用于不同的关联，必要时应该分解以前确定的类。例如，假如在快递管理系统中，没有将"事务"分解成"远程事务"和"员工事务"，则需要予以分解。发现了遗漏的关联就应该及时补上。在快递管理系统中把"事务"分解成上述两类之后，需要将"员工输入事务"改成"员工输入员工事务"；将"在员工终端输入事务"改为"在员工终端输入员工事务"；"在快递管理机上输入事务"改为"在快递管理机上输入远程事务"；"事务修改用户电子卡"分解为"员工事务修改用户电子卡"和"远程事务修改用户电子卡"等关联。经过分解和补充得到的关联，如表 9-7 所示。

表 9-6　经过正名和进一步去掉冗余后得到的关联

序号	经过正名和进一步去掉冗余后得到的关联
1	1-1）快递总公司拥有一个中央服务器
2	8-1）员工输入事务
3	8-2）在员工终端输入事务
4	12）一个用户可拥有多个电子卡
5	14）员工终端与相应的快递点计算机通信
6	15-1）中央服务器管理用户电子卡
7	15-3）事务修改用户电子卡
8	18-1）快递管理机与中央服务器通信
9	18-2）在快递管理机上输入事务
10	26）中央服务器与快递点计算机通信
11	27）快递总公司由多个快递点组成
12	28）快递点雇用员工

表 9-7　经过分解和补充得到的关联

序号	经过分解和补充得到的关联
1	1-1）快递总公司拥有一个中央服务器
2	8-1）员工输入员工事务
3	8-2）在员工终端输入员工事务
4	12）一个用户可拥有多个电子卡
5	14）员工终端与相应的快递点计算机通信
6	15-1）中央服务器管理用户电子卡
7	15-3-1）员工事务修改用户电子卡
8	15-3-2）远程事务修改用户电子卡
9	18-1）快递管理机与中央服务器通信
10	18-2）在快递管理机上输入远程事务
11	26）中央服务器与快递点计算机通信
12	27）快递总公司由多个快递点组成
13	28）快递点雇用员工

（4）标明重数

应该初步判定各个关联的类型，并粗略地确定关联的重数。但是，无须为此花费过多精力，因为在分析过程中随着认识的逐渐深入，重数也会经常改动。

基于表 9-7 得到图 9-5 所示的快递管理系统原始类图。

9.3.3　划分主题与确定属性

在概念上把系统包含的内容分解成若干个范畴，应该按问题领域而不是用功能分解的方法来确定主题，依照使不同主题内的对象相互间依赖和交互最少的原则来确定主题。属性是对象的性质或特征。注意：在分析阶段不要用属性来表示对象间的关系，使用关联能够表示两个对象间的任何关系，而且能把关系表示得更清晰、更醒目。经过筛选之后得到快递管理系统中各个类的属性，如图 9-6 所示。

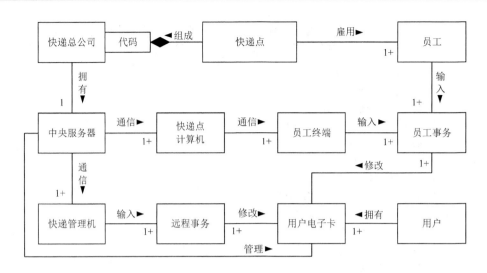

图 9-5 快递管理系统原始类图

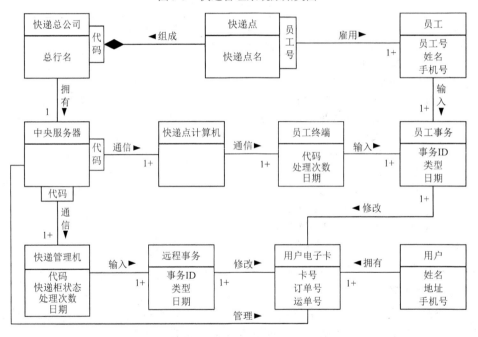

图 9-6 快递管理系统中各个类的属性

9.3.4 识别继承关系

确定了类中应该定义的属性之后，就可以利用继承机制共享公共性质，并对系统中众多的类加以组织。正如前所述，继承关系的建立实质上是知识抽取过程，它应该反映出一定深度的领域知识，因此必须有领域专家密切配合才能完成。通常，许多归纳关系都是根据客观世界现有的分类模式建立起来的，只要可能，就应该使用现有的概念。一般说来，可以使用以下两种方式建立继承（即泛化）关系。

1. 自底向上

抽象出现有类的共同性质泛化出父类，这个过程实质上模拟了人类归纳思维的过程。例如，在快递管理系统中，"远程事务"和"员工事务"是类似的，可以泛化出父类"事务"；类似地，可以从"快递管理机"和"员工终端"泛化出父类"输入站"。

2. 自顶向下

把现有类细化成更具体的子类，这个过程实质上模拟了人类演绎思维的过程。从应用域中常常能明显看出应该做的自顶向下的具体化工作。但是，在分析阶段应该避免过度细化。

基于图 9-6，采用自底向上的方式创建了两个父类，即"输入站""事务"，这两个父类分别具有其子类的共有属性，即"代码，处理次数，日期""事务 ID，类型，日期"，得到图 9-7 所示的具有继承关系的快递管理系统类图。

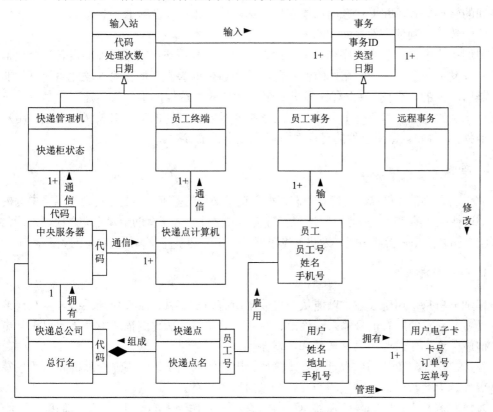

图 9-7　具有继承关系的快递管理系统类图

9.3.5　反复修改

一次建模过程很难得到完全正确的对象模型。有些细化工作（如定义服务）是在建立了动态模型和功能模型之后才进行的。比如，由于区分"快递总公司"与"中央服务器"没有多大意义，为简单起见，可以把它们合并。修改后的快递管理系统对象模型，与修改前比较起来，更简单、更清晰。由于面向对象的概念和符号在整个开发过程中都是一致的，因此远比使用结构分析、设计技术更容易实现反复修改、逐步完善的过程。

9.4　建立动态模型

对于仅存储静态数据的系统（如数据库）来说，动态模型并没有什么意义。然而在开发交互式系统时，动态模型却起着很重要的作用。如果收集输入信息是目标系统的一项主要工作，则在开发这类应用系统时建立正确的动态模型是至关重要的。

建立动态模型的步骤：第一步，基于用例描述获取典型交互行为，至少保证不遗漏常见的交互行为；第二步，从用例描述中提取出事件，确定触发每个事件的动作对象以及接受事件的目标对象；第三步，排列事件发生的次序，确定每个对象可能有的状态及状态间的转换关系，并用状态图描绘它们；第四步，比较各个对象的状态图，检查它们之间的一致性，确保事件之间的匹配。

用例描述中包括了事件序列。每当系统中的对象与用户（或其他外部设备）交换信息时，就发生一个事件。所交换的信息值就是该事件的参数（如"输入取件码"事件的参数是所输入的取件码），也有许多事件是无参数的，这样的事件仅传递一个信息——该事件已经发生了。对于每个事件，都应该指明触发该事件的动作对象（如系统、用户或其他外部事物）、接受事件的目标对象以及该事件的参数。

9.4.1　画顺序图

完整、正确的用例描述为建立动态模型奠定了必要的基础。但是，用自然语言书写的用例描述往往不够简明，而且在阅读时有时会有二义性。为了有助于建立动态模型，通常在画状态图之前先画出顺序图。为此首先需要进一步明确事件及事件与对象的关系。

1. 确定事件

仔细分析每个用例描述，以便从中提取出所有外部事件。事件包括系统与用户（或外部设备）交互的所有信号输入、输出、中断、动作等。从用例描述中容易找出正常事件，但应注意不要遗漏了异常事件和出错条件。

传递信息的对象的动作也是事件。例如，用户输入取件码、快递管理机吐出凭条等都是事件。大多数对象到对象的交互行为都对应着事件。

对控制流产生相同影响的那些事件应组合在一起作为一类事件，并给它们取一个唯一的名字。例如，"吐出凭条"是一个事件类。但是，对控制流有不同影响的那些事件应区分开来，不要误把它们组合在一起。例如"取件码有效""取件码无效""取件码逾期"等都是不同的事件。一般说来，不同应用系统对相同事件的响应并不相同，因此，在最终分类所有事件之前，必须先画出状态图。如果从状态图中看出某些事件之间的差异对系统行为没有影响，则可以忽略这些事件间的差异。

　　经过分析，区分出每类事件的发送对象和接受对象。一类事件相对它的发送对象来说是输出事件，但是相对它的接受对象来说则是输入事件。有时一个对象会把事件发送给自己，这种情况下该事件既是输出事件又是输入事件。

　　2. 画出顺序图

　　顺序图实质上是简化的 UML 顺序图，能将事件序列以及事件与对象的关系形象、清晰地表示出来，并有助于画状态图。在顺序图中，最上面的是对象，每个对象下面有一条竖虚线，代表该对象的生命线，生命线上每个窄矩形表示激活（也称为控制焦点），每个事件用一条水平箭头线表示，箭头方向从事件的发送对象指向接受对象。时间从上向下递增，也就是说，画在最上面的水平箭头线代表最先发生的事件，画在最下面的水平箭头线代表最晚发生的事件。水平箭头线之间的间距并没有具体含义，图中仅用水平箭头线在垂直方向上的相对位置表示事件发生的先后，并不表示两个事件之间的精确时间差。基于表 9-1 的基本事件流，画出快递管理系统取快递正常情况下的顺序图，如图 9-8 所示。

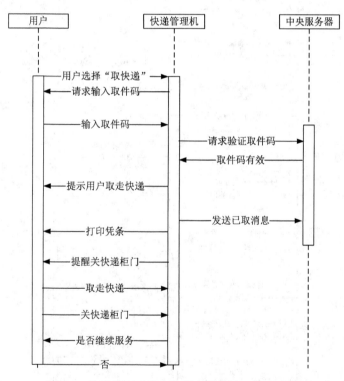

图 9-8　快递管理系统取快递正常情况下的顺序图

　　因为一张状态图需要描绘一类对象的行为，以确定由事件序列引出的状态序列。从图 9-8 可知，水平箭头线常是对象达到某个状态时所做的行为（也常是引起另一类对象状态转换的事件），两个事件之间的间隔就是一个状态（也可能状态不变）。先考虑完正常事件，再考虑边界情况和特殊情况，如"取消服务""网络错误"等，不能省略对用户出错情况的处理，如"取件码无效"。基于表 9-1 的备选流和异常事件流，画出快递管理系统取快递异常情况下的顺序图，如图 9-9 所示。

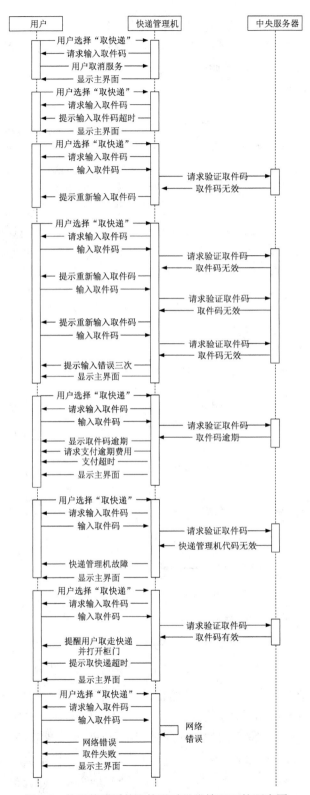

图 9-9 快递管理系统取快递时异常情况下的顺序图

9.4.2　画状态图

　　状态图描述事件与对象状态的关系。当对象接受了一个事件以后，它的下个状态取决于当前状态及所接受的事件。由事件引起的状态改变称为"转换"。如果一个事件并不引起当前状态发生转换，则可忽略这个事件。

　　通常用一张状态图描绘一类对象的行为，它确定了由事件序列引出的状态序列。但是，也不是任何一个类都需要有一张状态图描绘它的行为。很多对象仅响应与历史无关的那些输入事件，或者把历史作为不影响控制流的参数。对于这类对象来说，状态图是不必要的。系统分析员应该集中精力仅考虑具有重要交互行为的那些类。

　　画状态图时需要识别主动对象、被动对象、外部对象。主动对象相互发送事件，如"快递管理机""中央服务器""快递总公司""快递点"等；被动对象即并不发送事件的对象，如"用户电子卡"；外部对象即系统外部的因素，无须在系统内实现它们，如"用户"和"员工"。

　　从一张顺序图出发画状态图时，应该集中精力仅考虑影响一类对象的事件，也就是说，仅考虑顺序图中指向某条竖虚线的那些箭头线。两个事件之间的间隔就是一个状态（也可能不变）。从竖虚线射出的箭头线，常是对象达到某个状态时所做的行为（也常是引起另一类对象状态转换的事件）。基于图 9-8 得到快递管理机类的正常事件状态图，如图 9-10 所示，该图中有 8 个中间状态。

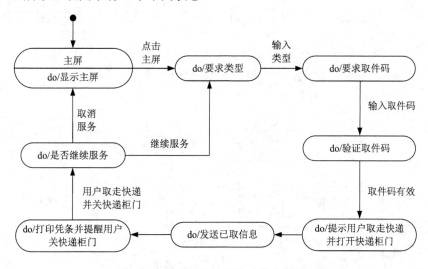

图 9-10　快递管理机类的正常事件状态图

　　在图 9-10 的基础上增加异常事件状态图，得到的快递管理机类的状态图，如图 9-11 所示，该图中有 17 个中间状态。在快递管理系统中，快递管理机类和中央服务器类是需要交互的，两者的状态图之间会有关联，中央服务器类的状态图如图 9-12 所示。

　　在图 9-11 中快递管理机类需要验证取件码，由需求分析可知，该操作涉及中央服务器类来处理，图 9-12 的"验证取件码"事件就是由图 9-11 中的快递管理机类触发的。中央服务器类对快递管理机类发来的"验证取件码"事件进行处理，如图 9-12 所示，首先验证快递管理机代码,然后验证取件码,该状态图有四个输出事件。为保持一致性,在图 9-11 中需要相应地接受和处理这四个事件,以达到不同类的交互时每个事件都有发送对象和接受对象。

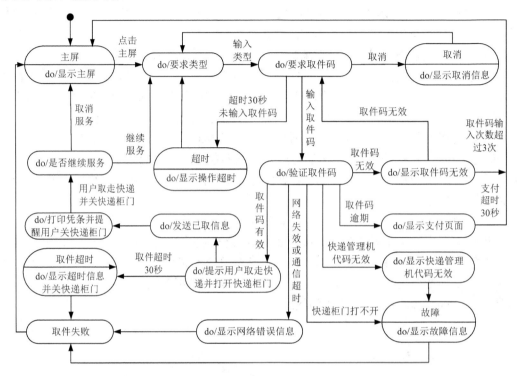

图 9-11　快递管理机类的状态图

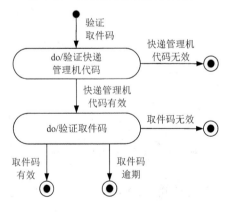

图 9-12　中央服务器类的状态图

9.4.3　审查动态模型

各个类的状态图通过共享事件联系(合并)起来,构成了系统的动态模型。在完成了每个具有重要交互行为的类的状态图之后,应该检查系统级的完整性和一致性。一般来说,每个事件都应该既有发送对象又有接受对象。当然,有时发送者和接受者是同一个对象。对于没有前驱或没有后继的状态应该着重审查，如果这个状态既不是交互序列的起点也不是终点，则发现了一个错误。这时，应该审查每个事件，跟踪它对系统中各个对象所产生的效果，以保证它们与每个脚本都匹配。一张覆盖了脚本中某类对象的全部事件的状态图仍可能会有一些遗漏的情况，需要多次检查一致性。尽量给每个状态取个有意义的名字。

课堂思考题

　　以电话系统为例，给出打电话用例的详细描述，画出电话系统的正常情况的顺序图，确定状态及状态间的转换关系，画出状态图。

9.5　定　义　服　务

　　在确定类中应有的服务时，既要考虑该类实体的常规行为，又要考虑在本系统中特殊需要的服务。

9.5.1　常规行为

　　在分析阶段可以认为，类中定义的每个属性都是可以访问的，也就是说，假设在每个类中都定义了读、写该类每个属性的操作。通常无须在类图中显式表示这些常规操作。

9.5.2　从事件导出的操作

　　状态图中对象接收消息，因此该对象必须有由消息选择符指定的操作，它启动相应的服务。在快递管理系统中，快递管理机类的"验证取件码"启动中央服务器类的服务"请求验证快递管理机代码()"，所启动的服务常是接受事件的对象在相应状态的行为。

　　从图 9-11 可知，快递管理机类的状态图可导出的该类的服务有：显示主屏()、要求类型()、要求取件码()、验证取件码()、打印凭条并提醒用户关快递柜门()、是否继续服务()等 17 个服务。从图 9-12 可知，中央服务器类的状态图可导出的该类的服务有：验证快递管理机代码()、验证取件码()。

　　应该尽量利用继承机制以减少所需定义的服务数目。只要不违背领域知识和常识，就尽量抽取出相似类的公共属性和操作，以建立这些类的新父类，并在类等级的不同层次中正确地定义各个服务。

习　　题

　1. 面向对象建模主要建立哪几种模型？各自的特点是什么？
　2. 用例建模包含哪几个步骤？
　3. 对象模型包含哪些内容？对象建模的步骤是什么？
　4. 动态模型主要是通过 UML 的哪些图形来表示的？这些 UML 图形分别建模软件

的哪些方面？各有什么特点？

5. 什么是面向对象的分析？对象模型的层次是什么？

6. 下面是某银行开发的计算机存储系统，试建立它的对象模型、动态模型和功能模型。

为方便储户，某银行拟开发计算机存储系统。储户填写的存款单或取款单由业务员输入系统，如果是存款，系统记录存款人姓名、住址、存款类型、存款日期、利率等信息，并印出存款单给储户；如果是取款，系统计算利息并印出利息清单给储户。

7. 下面是某航空公司开发的机票预订系统，试建立它的对象模型、动态模型和功能模型。

为方便旅客，某航空公司拟开发一个机票预订系统。旅行社把预订机票的旅客信息（姓名、性别、工作单位、身份证号码、旅行时间、旅行目的地等）输入进该系统，系统为旅客安排航班，印出取票通知和账单，旅客在飞机起飞的前一天凭取票通知和账单交款取票，系统校对无误即印出机票给旅客。

8. 下面是某医院开发的患者监护系统，试建立它的对象模型、动态模型和功能模型。

目前住院患者主要由护士护理，这样做不仅需要大量护士，而且由于不能随时观察危重患者的病情变化，还可能会延误抢救时机。某医院打算开发一个以计算机为中心的患者监护系统，医院对患者监护系统的基本要求是随时接受每个患者的生理信号（脉搏、体温、血压、心电图等），定时记录患者情况以形成患者日志，当某个患者的生理信号超出医生规定的安全范围时向值班护士发出警告信息，此外，护士在需要时还可以要求系统印出某个指定患者的病情报告。

9. 下面是自动售货机系统的需求陈述，试建立它的对象模型、动态模型和功能模型。

自动售货机系统是一种无人售货系统。售货时，顾客把硬币投入机器的投币口中，机器检查硬币的大小、重量、厚度及边缘类型。有效的硬币是1元币、5角币、1角币、5分币、2分币和1分币，其他货币都被认为是假币。机器拒绝接收假币，并将其从退币孔退出。当机器接收了有效的硬币后，就把硬币送入硬币储存器中。顾客支付的货币根据硬币的面值进行累加。

自动售货机装有货物分配器。每个货物分配器中包含零个或多个价格相同的货物。顾客通过选择货物分配器来选择货物。如果货物分配器中有货物，而且顾客支付的货币值不小于该货物的价格，货物将被分配到货物传送孔送给顾客，并将适当的零钱返回到退币孔。如果分配器是空的，则和顾客支付的货币值相等的硬币将被送回到退币孔。如果顾客支付的货币值少于所选择的分配器中货物的价格，机器将等待顾客投进更多的货币。如果顾客决定不买所选择的货物了，之前投进的货币将从退币孔中被退出。

第 10 章　面向对象设计

面向对象分析和设计（object oriented analysis and design，OOAD）是一种通过应用面向对象编程以及在整个软件开发过程中使用可视化建模来指导利益相关者分析和设计应用程序、系统或业务的技术方法。现代软件工程中的 OOAD 通常以迭代和增量的方式进行。OOAD 活动的输出分别是面向对象分析（object oriented analysis，OOA）模型和面向对象设计（object oriented design，OOD）模型，其目的是在风险和商业价值等关键因素的驱动下，不断完善和发展软件项目开发方式。在面向对象设计期间，开发人员将实现约束应用于在面向对象分析中产生的概念模型，这些约束可能包括硬件和软件平台、性能要求、持久存储和事务、系统的可用性以及预算和时间施加的限制，与技术无关的分析模型中的概念被映射到实现类上，确定约束并设计接口，从而形成解决方案领域的模型，即详细描述如何在具体技术上构建系统。面向对象设计期间的重要主题还包括通过应用架构模式和具有面向对象设计原则的设计模式来设计软件架构。

设计特征对后续的开发、维护和演变有重大影响。因此，新的软件工程技术经常被创建，以帮助开发人员遵守在结构化设计中介绍的设计原则。例如，设计方法编写了关于如何使用抽象、关注点分离和接口，将系统分解为模块化软件单元的建议，以达到低耦合、高内聚的效果。目前面向对象方法是最流行、最复杂的设计方法。如果设计将系统分解为一组运行时组件（称为封装数据和功能的对象），称之为面向对象设计。以下功能将对象与其他类型的组件区分开来：

- 对象是唯一可识别的运行时实体，可以指定为消息或请求的目标。
- 对象可以组合，因为对象的数据变量本身可能是对象，因此封装了对象内部变量的实现。
- 对象的实现可以通过继承进行重用和扩展，以定义其他对象的实现。
- 面向对象的代码可以是多态的：用通用代码编写，可以处理不同但相关类型的对象。相关类型的对象响应同一组消息或请求，但每个对象对请求的响应取决于对象的特定类型。

在本章中，将回顾这些特性及其所构成的一些设计原则以及提高面向对象设计模式质量的设计方法。通过使用面向对象功能这一最大优势，可以创造出符合软件工程设计原则的设计。

10.1　基本设计概念

10.1.1　对象与类的设计

面向对象系统的运行时（runtime）结构是一组对象，每个对象都是一组内聚的数据集合，以及创建、读取、更改和销毁这些数据的所有操作。对象的数据称为属性，其操作称为方法。对象通过发送消息来调用彼此的方法进行交互。在接收到消息时，对象执行关联的方法，该方法读取或修改对象的数据，并可能向其他对象发出消息；当方法终止时，对象将结果发送回请求对象。

对象主要是运行时实体。因此，它们通常不会直接出现在软件设计中。相反，面向对象分析设计由对象的类和接口组成。一个接口公开一组外部可访问的属性和方法。这些信息通常仅限于公共方法，包括方法的签名、先决条件、后决条件、协议要求和可见的质量属性。因此，与其他接口一样，对象的接口代表对象的公共面，指定对象外部可观察行为的所有方面。需要访问对象数据的其他系统组件必须通过调用对象接口中公布的方法间接访问对象数据。一个对象可能有多个接口，每个接口提供对对象数据和方法的不同级别的访问。这样的接口有层次关系：如果一个接口提供的服务是另一个接口所提供的服务的严格子集，则认为第一个接口是第二个接口（超类型）的子类型。

对象的实现细节封装在其类定义中。准确地说，类是部分或全部实现抽象数据类型的软件模块。它包括属性数据的定义、对数据进行操作的方法声明及部分或全部方法的实现。因此，包含实际代码的类模块实现了对象的数据表示和方法过程。如果一个类的某些方法缺少实现，就说它是一个抽象类。一些面向对象的符号，包括 UML，不会将对象的接口与其类模块分开；在这种符号中，类定义区分了公共定义（构成接口）和私有定义（构成类的实现）。在本章中，认为接口和类是不同的实体，因为满足接口的对象集可以比实例化类定义的对象集大得多。在构建 UML 时，通过将接口或抽象类的名称及其未实现的方法的名称斜体化，将其与其他类区分开来。

考虑第 9 章介绍的快递管理系统，记录特定快递管理机的所有取件记录。图 10-1 显示了快递管理机取件类的部分设计，该类定义了存储与取件相关的信息的属性（如代取件快递的列表、取件的次数等）。该类对取件数据实现了许多操作（如从快递管理机中取快递、判断收件码、计算取件的次数）。程序中的每个取件对象都是这个类的一个实例：每个对象封装了该类数据变量的一个不同副本，以及指向该类操作的指针。此外，类定义还包括生成新对象实例的构造函数方法。因此，在执行过程中，程序可以实例化

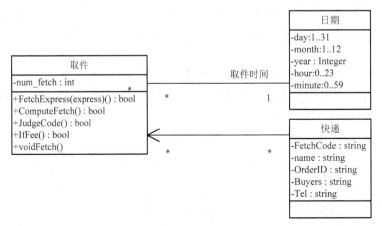

图 10-1　取件类的部分设计

新的取件对象，以便在取件发生时记录每次取件的详细信息。

实例变量是程序变量，其值为对对象的引用。对象是同一类型的不同值，就像"3"是整型数据类型。因此，一个实例变量可以引用不同的对象程序执行期间的实例，就像整数变量一样分配不同的整数值。但是，实例变量和传统程序变量这两者之间存在关键区别。实例变量可以声明为具有接口的类型，而不是特定类的类型（假设接口和类是不同的实体）；在这种情况下，实例变量可以引用实现变量（接口）类型的任何类的对象。此外，由于接口之间的子类型关系，实例变量也可以引用对象任何实现变量（接口）类型的祖先超类型的类。该变量甚至可以在程序的运行过程中引用不同类的对象执行，这种灵活性称为动态绑定。编写的代码根据实例变量的接口对其进行操作，但该代码的实际行为在程序执行期间会有所不同，这取决于代码所操作的对象的类型。

图 10-2 显示了这四种面向对象结构——类、对象、接口和实例变量，以及它们之间的关系。有向箭头描绘了关系结构之间的关系，每个箭头末端的修饰表示多态性关系；多态性表示一个项目可能有多少种存在。例如，对象和实例变量之间的关系是 1 到*（多），这意味着许多实例变量可能在程序执行的任何时候引用同一个对象。此外，还有其他一些关系值得关注：

- 每个类封装了一个或多个接口的实现细节。声明为实现一个接口的类（通过继承）也隐式地实现此接口的所有超类型。
- 每个接口由一个或多个类实现。例如，不同的类实现可能会强调不同的质量属性。
- 每个对象都是一个类的实例，其属性和方法定义确定对象可以保存哪些数据以及哪些方法实现对象执行。
- 不同类型的多个实例变量可以引用同一个对象，只要作为对象的类实现（直接或通过超类型隐式）每个变量的（接口）类型。
- 每个实例变量的类型（即接口）决定了哪些数据和方法可以使用该变量访问。

对象与实例变量的分离、接口与类定义的分离都为封装设计决策、修改和重用设计提供了相当大的灵活性。

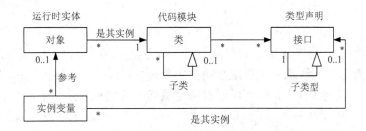

图 10-2　面向对象结构的元模型

10.1.2　基于重用的设计

支持重用是面向对象设计的一个关键特征。例如，可以通过组合组件类来构建新类，也可以通过扩展或修改现有类的定义来构建新类。

通过组合组件类来构建新类就像孩子们用小积木搭成大积木一样。这样的构造是通过对象组合完成的，通过对象组合，将类的属性定义为某种接口类型的实例变量。例如，图 10-1 中定义的取件类使用复合来维护已发生取件的汇总记录，并使用复合日期对象来记录取件日期。对象组合的一个优点是支持模块化；复合类对其基于对象的属性的实现一无所知，只能通过使用它们的接口来操作这些属性。因此，可以轻松地用另一个类组件替换一个类组件，只要替换符合相同的接口。这种技术与用蓝色积木替换红色积木非常相似，只要两个积木的大小和形状相同。

通过扩展或修改现有类的定义来构建新类，这种结构方式称为继承，通过直接重用（并添加）现有类的定义来定义一个新类。继承相当于通过在现有块上钻孔来创建一种新型的构建块。在继承关系中，现有的类称为父类；新类称为子类，它"继承"父类的数据和函数定义。为了了解继承是如何工作的，假设想要创建一个批量取件类来记录超过取件期限需要交滞纳金的大量快递。如果将批量取件类定义为常规取件类的扩展，那么只需要提供将"批量取件"与其父类"取件"区分开来的定义。这些定义包括记录滞纳金的新属性，以及不同等级滞纳金的判定规则。任何"批量取件"对象都将包含父类"取件"中定义的属性和方法以及批量取件类中定义的属性和方法。

面向对象还支持多态性，即根据与接口的交互编写代码，但代码行为取决于运行时与接口关联的对象以及该对象方法的实现。不同类型的对象可以通过生成特定类型的响应来对同一消息做出反应。设计者和程序员不需要知道多态代码正在操作的对象的确切类型，相反，只需要确保代码符合实例变量的接口，这些接口依赖于每个对象的类来专门化该类的对象应该如何响应消息。在存取件程序中，完成取件的代码可以简单地从相应的取件对象请求滞纳金数额。滞纳金的计算方式（即采用哪种方法以及是否交滞纳金）将取决于对象是普通取件类还是"批量取件"类。

继承、对象组合和多态性使面向对象设计生成的系统在许多方面更加有用。

10.2　类继承与对象组合

10.2.1　定义

一个关键的设计决策是确定如何最好地构建和关联复杂的对象。在面向对象系统中，构造大型对象有类继承和对象组合两种主要技术，即可以通过扩展和覆盖来创建一个新的类包含现有类的行为，也可以通过组合更简单的类来创建一个复合类，这两种方法之间的区别如图 10-3 所示。图 10-3 左边，一个"软件工程师"被定义为"工程师"的子类并继承其父类的工程能力。图 10-3 右边，"软件工程师"被定义为具有来自其组件"工程师"的"工程能力"的复合类。请注意，这两种方法都支持设计重用和扩展。对于这两种方法来说，重用的代码被维护为一个单独的类（即父类或组件对象），新类（即子类或复合对象）通过引入新的属性和方法而不是通过修改重用的代码来扩展这种行为。此外，因为重用的代码仍然被封装为一个单独的类，可以安全地更改其实现，从而间接更新新类的行为。因此，对"工程师"类的更改会在"软件工程师"类中自动实现，无论"软件工程师"类是否是使用继承或组合构造的。

图 10-3　类继承（左）与对象组合（右）

10.2.2　优缺点

组合的优点：组合比继承更好地保留重用代码的封装，因为复合对象仅通过其公布的接口访问组件。例如，"软件工程师"将通过调用其组件方法来访问和更新其"工程能力"。相反，一个子类可以直接访问它继承的属性，这取决于设计。组合的最大优点是它允许组件对象的动态替换。组件对象是一个复合对象的属性变量，并且与任何变量一样，其值可以在程序执行过程中改变。此外，如果组件被定义为接口，则可以将其替换为不同但兼容类型的对象。在这里以复合"软件工程师"为例，其可以改变它的"工程能力"，包括方法实现，如将其"工程能力"属性重新分配给另一个对象。

组合的缺点：组合带来的可变性给其自身带来了问题。第一，因为复合设计的系统可以在运行时重新配置，它可能更难以可视化和简单地通过研究代码来推断程序的运行时结构。它并不总是能明确哪些对象引用了哪些其他对象。第二，该对象组合引入了一定程度的间接性。组件方法的每次访问必须首先访问组件对象，这种间接可能会影响运行时性能。

继承的优点：由于继承的父类的属性通常对子类可见，可以更容易理解和预测使用继承构造的类的行为。当然，继承最大的好处就是可以改变和专门化继承方法的行为，通过选择性地覆盖继承的定义。该特性可以帮助快速创建表现新行为的新类型对象。

继承的缺点：使用继承方法，子类的实现是在设计时确定并且是静态的。生成的对象不像从复合类实例化的对象那样具备更大灵活性，因为它们继承自父类的方法不能在运行时更改。

一般来说，有经验的设计师更喜欢对象组合而不是继承，因为它能够在运行时替换组件对象。如果实例变量是根据接口而不是具体类定义的，变量可以指实现该接口的任何类型的对象。因此，客户端代码可以在不知道它使用的特定类型的对象甚至类的情况下编写实现这些对象；客户端代码仅取决于界面。这种灵活性使将来更容易更改或增强功能。例如，在组合构造的"软件工程师"中，可以满足"工程师"接口与任何符合该接口的对象。可以定义比"初级工程师"具有更多能力和责任的"高级工程师"新类或子类，可以提升"软件工程师"具有使用简单属性分配的"高级工程能力"。这种偏好组合优于继承并不是一个明确的设计规则，因为有时将对象视为彼此的特殊实例更容易。例如，一个"轿车"可能更好地建模为"汽车"的子类而不是复合对象具有类似"汽车"的特性。此外，由于对象组合引入了一个层次间接性，它提供的灵活性程度可能过于低效。这样类继承和对象组合之间的选择就涉及权衡设计连贯性、行为可预测性、设计决策封装、运行时性能和运行时可配置性。

10.3　可　替　代　性

10.3.1　定义

使用继承并不一定会产生可以直接地使用父类的子类。大多数面向对象编程语言允许子类重载它们继承的方法，而不用考虑结果是否符合父类的接口。因此，依赖于父类的客户端代码传递子类的实例时可能无法正常工作。

考虑一个有界堆栈（BoundedStack），它是一种特殊类型的堆栈（Stack），可以存储有限数量的元素。BoundedStack 子类不仅引入了一个属性来记录其大小的界限，而且也重载了 push() 方法来处理元素被压入已满堆栈的情况（如 BoundedStack 可能会忽略该请求，或者它可能会将栈底元素弹出堆栈为新元素腾出空间）。对于普通的 Stack 对象来说，BoundedStack 对象不可替代，因为这两个对象在各自的堆栈已满的情况下的行为是不同的。

理想情况下，子类必须保留其父类的行为，以便客户端代码可以将它的实例视为父类的实例。这个概念被称为里氏（Liskov）可替代性原则。根据里氏可替代性原则，如果满足以下所有属性，则子类可以替代其父类。

1）子类支持父类的所有方法，且其签名是兼容的。即子类方法的参数和返回类型必须可以替换相应父类方法的参数和返回类型，因此对父类方法的任何调用都将被子类接受。

2）子类方法必须满足父类方法的规范。两个类的方法的行为不必相同，但子类不得违反父类方法的前置条件和后置条件。

前置条件规则：子类方法的前置条件必须等于或弱于父类方法的前置条件，使子类方法在父类方法成功的所有情况下都成功。这种关系可以表示为

$$pre_{\_parent} => pre_{\_sub}$$

后置条件规则：在父类的前置条件方法成立的情况下，子类方法能够做父类方法的所有事情，并且可能做得更多（即子类方法的后置条件包含父类方法的后置条件）。这种关系可以表示为

$$pre_{\_parent} => (post_{\_sub} => post_{\_parent})$$

3）子类必须保留父类所有声明属性。例如，在 UML 中子类继承其父类的所有约束及父类的所有与其他类的关联。

如果上述任何一条规则不成立，则向子类发送消息的结果可能不会与将消息发送到父类的结果相同。在 BoundedStack 的情况下，push() 方法并不简单扩展其父类的 push() 方法的后置条件；它有不同的后置条件。因此，BoundedStack 的定义违反了后置条件规则，并且 BoundedStack 对象不能替代普通的 Stack 对象。

相比之下，考虑窥视栈（PeekStack），另一种特殊类型的 Stack，它允许用户可以查看堆栈的内容，而不是只能查看顶部元素。PeekStack 子类引入了一个新方法 peek(pos)，它返回堆栈中深度为 pos 的元素的值。因为 PeekStack 重载了它没有从 Stack 继承的任何方法，并且因为新方法 peek() 永远不会改变对象的属性，它满足所有的可替代性规则。

10.3.2 用途

里氏可替代性原则的主要用途是确定何时对象可以安全地替换为另一个对象。如果遵守了这个原则并用新的子类扩展设计和程序，现有代码无须修改即可与新子类一起使用。尽管这具有很明显的优势，但实际上在对设计模式的研究中，会遇到一些有用的模式其实是违反了里氏可替代性原则的。与大多数其他设计原则一样，可替代性不是严格的设计规则。相反，该原则可用来确定，何时即使不重新检查扩展类，客户端模块依然是安全的。只要符合这一原则，就可以简化扩展设计的总体任务。

10.4 迪米特法则

尽管设计师建议采用对象组合而不是继承，但设计结果可能在类之间有多个依赖关系。每当一个依赖于复合类的类也依赖于该类的所有组件类时，这个问题就会出现。考虑第 9 章介绍的快递管理机系统，有一个类 Count，快递管理机每个月生成一张统计单，列出当月特定用户的所有取件订单。假设设计中的每个类只提供操作该类的本地属性，这时打印已发生快递的列表，那么 generateCount()方法必须跟踪所有符合的 Express 对象：

```
For UserAccount u:
    For each FetchExpress u.f made to UserAccount u:
        For each Express u.f.e in FetchExpress u.f:
            u.f.e.printName();
            u.f.e.printprice();
```

在这样的设计中，Count 类的访问直接依赖于 UserAccount、FetchExpress 和 Express 类，且必须知道所有的接口以及正确地调用的方法，更糟糕的是，必须不断地重新检查，只要这些类中的任何一个发生更改，就需要执行 generateCount()。

可以通过在每个复合类中包含方法来减少这些依赖关系用于对类的组件进行操作。例如，可以添加一个 printExpressList()方法到类，并添加一个 printTransExpress()方法到用户（UserAccount）类。在这个新设计中

- generateCount()方法调用 UserAccount 中的 printTransExpress()。
- printTransExpress()调用恰当的销售对象中的 printExpressList()。
- printExpressList()调用快递对象中的 print()方法。

这种设计惯例被称为迪米特法则（law of Demeter）（Lieberherr and Holland，1989），以一个名为 Demeter 的研究项目命名，它也被非正式地称为"不要和陌生人说话"的设计原则。这个约定的好处是客户端使用复合类的代码只需要知道复合类本身，而不需要知道关于复合类的组件。如图 10-4 所示，两种不同的设计方案（不遵循迪米特法则的设计 1 与遵循迪米特法则的设计 2）的区别和它们产生的类依赖关系可以通过引入依赖关系图来可视化，一般而言，符合迪米特法则设计的类依赖较少，依赖较少的类往往软件故障更少。不利的一面是，此类设计通常使用包装类来添加功能，而不改变现有类的实现。例如，可以通过与取件类关联的包装类来添加 printExpressList()。虽然包装类简

化了向复合类添加操作的任务，但它们可能会复杂化设计和降低运行时性能。因此，决定是否坚持迪米特法则将涉及评估设计复杂性、开发时间、运行时性能、故障避免和是否易于维护。

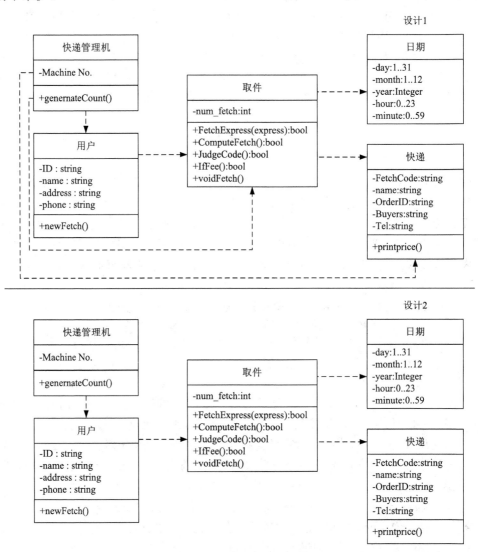

图 10-4　对比设计和依赖关系

10.5　依 赖 倒 置

依赖倒置是最终的面向对象设计启发式方法，它可以用来反转两个类之间的依赖连接的方向。例如，如果一个客户端类依赖于某个服务器类，可以使用依赖倒置来修改依赖，这样服务器类就依赖于客户端类，这种倒置的依赖关系打破了类之间的依赖循环。或者可以重新安排设计，使每个类只依赖于比它更稳定、更不可能改变的类。

依赖倒置通过引入接口来工作。假设有一个设计，其中客户端类使用某个服务器类的方法，如图 10-5（a）所示，客户端依赖于服务器。依赖倒置的第一步是创建一个客户端可以依赖的接口，该接口应包括规范客户端类期望从服务器类获得的所有方法，修改客户端类来使用这个新接口而不是使用服务器类，将原来的客户端类和新的客户服务器接口合并成一个新客户端模块，结果是如图 10-5（b）所示。第二步是为服务器类创建一个包装类（或者修改服务器类），创建包装类的接口在第一步中已完成，因此第二步很容易，因为接口符合规范服务器类的方法。最终的设计，如图 10-5（c）所示，引入了一个依赖图，其中新包装的服务器类依赖于新客户端类包裹。在原始设计中，对服务器代码的任何更改都会导致重新检查并重新编译客户端代码。在新设计中，客户端代码和服务器代码只依赖于新的客户服务器接口。更改任一类的实现不会导致重新访问或重新编译另一个类，所以新的设计更易于维护。几种设计模式的定义中都用到了依赖倒置原则。

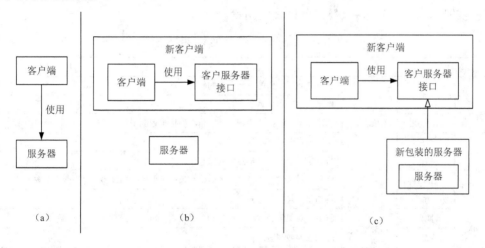

图 10-5　依赖倒置的三个步骤

10.6　面向对象设计模式

设计是一种固有的创造性活动，在其中反复设计潜在的解决方案，然后对其进行评估。评估前先探讨作为决策标准的几个设计原则，以帮助评估设计质量，并在具有竞争性的设计备选方案中进行选择。这些设计原则虽然非常有用，但对于创建或改进设计并没有提供规定性的建议。事实上，没有设计辅助工具可以提供这样的建议。相反，可以学习优秀设计的例子，并尝试将经验应用于创建和评估设计。正如可以阅读高质量的文献来提高词汇和写作技能一样，也可以检查优秀的设计来提高设计技能。设计知识和经验越丰富，当面对一个需要解决的新问题时，就越能从中汲取灵感。

在学习如何建造物理结构时，建筑学专业的学生使用建筑模式集合作为新设计的基本构建块。同样，可以使用一系列设计模式来帮助构建新的软件设计。Gamma 等的研究是一个很好的起点。这些设计模式记录了可以单独研究的设计经验，且每种设计模式都可以进行调整，以便在新的环境中重用。事实上，直到软件开发社区开始将可重用设计归类为设计模式、体系结构样式和参考体系结构，软件工程才作为一门真正的工程学科获得了可信度。

设计模式将设计决策和最佳实践编成法典，用于根据设计原则解决特定的设计问题。设计模式与软件库不同，它们不可以按原样使用打包的解决方案。相反，它们是解决方案的模板，必须针对每个特定用途进行修改和调整。这种调整类似于基本数据结构（如队列和列表）必须针对每次使用进行实例化和专门化的方式。设计模式提供了比设计原则更具体的指导，但它们没有软件库或工具包那么具体和详细。

设计模式的主要目标是提高设计的模块性。事实上，每个设计模式都是为了封装特定类型的设计决策而设计的。决策类型差异很大，从实现操作的算法选择到实例化的对象类型，再到遍历对象集合的顺序。一些设计模式构建设计，使未来的设计更改更容易实现；另一些设计模式使程序能够在运行时更改其结构或行为。表 10-1 列出了 Gamma 等确定的原始设计模式，以及每种模式的用途。

表 10-1 Gamma 等（1994）设计模式

模式名		目的
创建型模式	抽象工厂	对具有共同主题的依赖对象的集合进行分组
	生成器	将构造与表示分离
	工厂方法	创建对象而不指定确切的类，将实例化推迟到子类
	原型	从原型克隆现有对象
	独生子	将对象限制为具有单点访问的一个实例
结构型模式	适配器	将一个对象的接口包裹在另一个对象的不兼容接口周围，允许两个对象一起工作
	桥	将抽象与其实现分开
	复合	将多个对象组合成一个树结构，以便它们可以统一行动
	装饰器	动态添加或覆盖职责
	正面	提供统一的界面以简化使用
	享元	相似的对象共享数据/状态以避免创建和操作许多对象
	代理	为另一个对象提供占位符以控制访问
行为型模式	责任链	将命令委托给处理对象链，允许多个处理对象处理给定的请求
	命令	创建对象以封装动作和参数
	翻译	通过表示语法来解释句子来实现特殊语言在语言中
	迭代器	顺序访问对象而不暴露底层表示
	调解器	定义一个对象来封装一组对象如何交互，只提供该对象具有其他对象的详细知识
	纪念	将对象恢复到之前的状态
	观察者	发布/订阅，允许多个对象查看事件并适当地更改状态
	状态	对象在内部状态改变时改变其行为
	策略	在运行时选择一系列算法之一
	模板方法	定义一个算法骨架，然后子类提供具体行为
	游客	通过将方法的层次结构移动到一个对象中来将算法从对象结构中分离出来

（注：结构型模式中"类和对象组合"，行为型模式中"类和对象通信"，创建型模式中"类实例化"为分组标签）

设计模式充分利用了接口、信息隐藏和多态性，它们通常以一种巧妙的方式引入一定程度的间接性。因为这些设计模式添加了额外的类、关联和方法调用，所以它们有时看起来过于复杂。这种复杂性提高了模块性，但牺牲了其他质量属性，比如性能或开发的易用性。因此，这些设计模式只有在值得实现它们所需的额外成本的情况下才有用。

更详细的一些主流模式如下。

10.6.1　模板方法模式

模板方法模式（template method pattern）旨在减少同一父类的子类之间重复代码的数量。当多个子类具有相同方法，类似但不完全相同的实现时，它特别有用。该模式通过在子类继承的抽象类中本地化重复的代码结构来解决这个问题。确切地说，抽象类定义了一个模板方法，该方法实现了操作的常见步骤，并声明了表示变化点的抽象基元操作。template()方法的行为取决于所涉及对象的点调用基元操作。子类重写原语操作，以实现模板方法的子类特定变体。

要了解模板方法模式是如何工作的，可以考虑在快递公司的管理机系统中打印某个日期所有取件记录，包括用户取件、管理员取件（快递取件期限过期）列表，以方便对账。每个行项目都应包括所设计取件的类型、滞纳金价格（对于用户而言）或者是提成（对于快递机管理员而言）和该快递订单的税费。打印订单说明或税款的代码对于所有类型的取件都是相同的，但是获取是滞纳金价格还是员工提成在不同的取件计算中差别很大。应用模板方法模式，在取件类中创建了一个名为 list_line_express()的方法，用于打印行项目字段。此方法调用本地抽象方法 price()来打印取件交易的滞纳金数额或者是员工提成。每个取件子类都会重载 price()方法，以反映该取件的价格是如何计算的（如滞纳金价格与过期时间有关）。然后，当为特定对象调用 list_line_express()时，会适当地计算滞纳金或提成。最终的设计如图 10-6 所示。

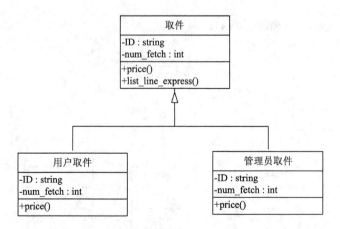

图 10-6　将模板方法模式应用于 price()

通过这种方式，模板方法模式提供了操作的框架，各种子类填充了细节。这种方法允许子类专门化操作的步骤，而不是覆盖整个操作。它还允许父类限制子类的方法版本的变化程度。

10.6.2 工厂方法模式

工厂方法模式（factory method pattern）用于封装创建对象的代码，通常通过构造设计，以便当模块与其他模块相关时它们依赖于接口，而不是显式的类类型。但是，不能在对象创建过程中依赖接口；在这里，必须调用相应类的构造函数才能创建对象实例。通过封装对象创建代码，其他设计可以依赖于抽象类型和接口。

工厂方法模式类似于模板方法模式。类似但不完全相同的方法是实例化对象的构造函数方法。创建一个抽象类，并定义一个抽象构造函数方法（工厂方法），子类重写工厂方法来构造特定的具体对象。

10.6.3 策略模式

策略模式（strategy pattern）允许在运行时选择算法。当应用程序可以使用各种算法时它很有用，但在应用程序运行之前，不知道最佳算法的选择。为此，策略模式定义了一系列算法，每一个都封装为一个对象，因此从应用程序的角度来看，它们是可互换的。应用程序充当客户端，根据需要选择算法。

例如，假设想在运行时决定使用哪种用户身份验证算法，具体取决于收到的登录请求（如 UNIX 中的 rlogin 与 ssh 请求）。图 10-7 显示了如何使用策略模式来支持多种身份验证策略（authentication policy），并从它们中动态选择。首先，将每个策略实现为它自己类的方法。不同的策略不可能有相同的签名，但可以简化签名并将参数存储为局部成员变量。其次，创建一个抽象类——身份验证策略，它足够通用，可以充当所有具体策略类的超类。最后，用户会话（user session）类有一个成员变量 policy，类型为 authentication policy，该变量可以设置为任何具体的策略对象，通过执行变量的方法来调用策略：

```
policy:= new Password(password);
policy.authenticate();
```

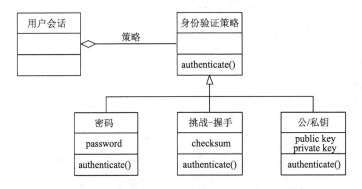

图 10-7　策略模式在延迟决策中的应用——关于身份验证策略

10.6.4　装饰器模式

装饰器模式（decorator pattern）用于在运行时扩展对象的功能；它是在设计时使用继承来创建支持新特性的子类的灵活替代方案。装饰器模式的关键在于，装饰器基类的每个特性都是以这样一种方式构造的：第一，装饰器是它所装饰的对象的子类；第二，装饰器包含对它所装饰的对象的引用。第一个属性确保装饰对象将在原始对象被接受的任何地方被接受，包括作为另一个装饰器功能的基础。第二个属性确保每个装饰器就像一个包装器：它提供新功能，同时仍然包含原始对象作为一个组件。因此，可以将连续的装饰器应用于同一个对象，每个装饰器都为被装饰的对象添加一个新的外包装。

要了解装饰器模式是如何工作的，考虑快递系统的取快递功能，如图 10-8 所示。在这个例子中，基础对象是一个用户，Decorator 是用户可以订阅的各种功能。抽象的

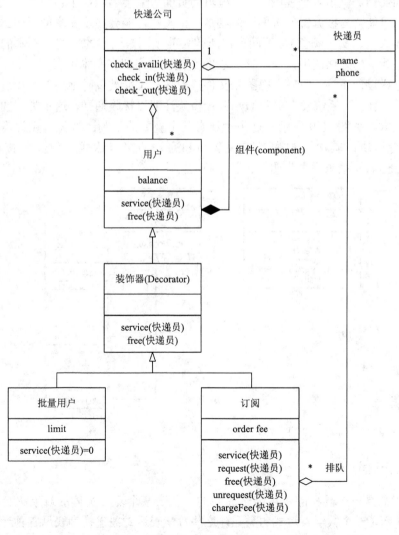

图 10-8　应用装饰器模式向用户添加功能

Decorator 类，按照规定是基础对象用户的一个子类。它还有一个名为 component 的成员变量，对应于被修饰的用户。用户的每个可能功能都是 Decorator 的子类。通过创建功能的实例并使其 component 成员成为订阅该功能的用户来应用功能。通过创建该功能对象并使其 component 成员成为已修饰的用户来应用第二个功能。这样，一个用户可以应用任意数量的装饰器；它甚至可以多次应用相同的装饰器。上述系统在使用此方法后，允许多次应用取快递功能，可以在快递员不足的情况下进行排队。

10.6.5 观察者模式

观察者模式（observer pattern）是发布-订阅架构风格的应用。当软件需要通知多个对象的关键事件，并且不想在解决方案中硬编码要通知哪些对象时，它特别有用。

可以通过检查一个简单的文本编辑器来了解观察者模式是如何工作的，该编辑器为正在编辑的文档提供了多个视图。正在编辑的页面可能会显示在主窗口中，几个页面的微型缩略图可能会与被编辑的页面一起播放，工具栏可能会显示文本的元数据（如字体类型、字体大小、文本颜色）。不同窗口所代表的视图是同步的，这样文本的变化就会立即反映在相关的缩略图中，而字体大小的变化也会立即在文本中实现。

可以这样设计系统，使每个视图在文件被改变时都能被及时地更新；还可以采用一种更有效的设计，让系统发布更新通知并让模块注册以接收通知，这种类型的设计使用了观察者模式，如图 10-9 所示。这个设计有几个重要的限制：首先，设计需要注册和通知观察者模块；其次，观察者模块必须和通知的接口达成一致，该接口需要在 DocumentObserver 抽象类中声明。

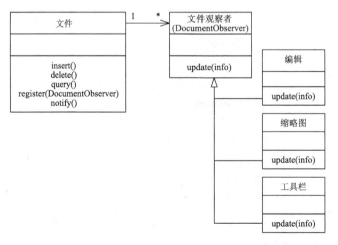

图 10-9　应用观察者模式在编辑器中同步视图

10.6.6 复合模式

复合对象是一个异构的、可能是递归的、代表某个复合实体的对象集合。例如，图 10-10 显示了一个数学表达式的类图，这些数学表达式被建模为表示各种运算符和变量操作数的结点的树状结构。复合模式（composite pattern）提倡使用适用于任何复合对象元素的单个统一接口。在图 10-10 中，抽象类表达式提供了这个接口。这种模式的优点是客户端模块只处理新的接口，不需要知道复合对象的数据结点是如何构成的。此外，客户端不受复合对象类结构更改的影响。

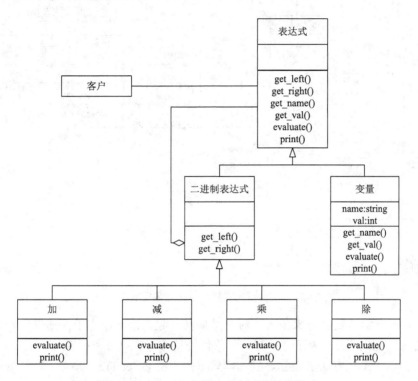

图 10-10　应用复合模式来表示数学表达式

复合模式与里氏可替换性原则相冲突，因为复合对象的新接口统一的唯一方法是其方法集是所有可能组件方法的联合。所以，子类可能继承无意义的操作。例如，变量子类继承了访问左右操作数结点的操作。因此，复合模式强调复合结点的一致性而不是安全性，因为它知道每个复合元素可以对其接收的任何消息做出适当的反应。

10.6.7　访客模式

尽管复合模式减少了客户端模块和复合对象之间的耦合，但它并没有减轻添加对复合对象进行操作的新函数的任务。例如，图 10-10 中的操作分布在各种组件上，在每种组件类型中都显示为方法，这些方法中的每一个都只是整体计算的一小部分。添加新操作需要向复合对象中的每个类添加新方法。

访客模式（vistor pattern）通过将这些操作片段收集并封装到它们自己的类中来减少这个问题。每个操作都实现为抽象 Vistor 类的一个单独子类，并且该子类具有将操作应用于每个组件类型的方法。此外，复合对象中的每个类都有一个用于对复合对象执行操作的方法。在图 10-11 中，这个方法被命名为 accept()，该方法将一个封装了正在应用的操作的 Vistor 对象作为参数。

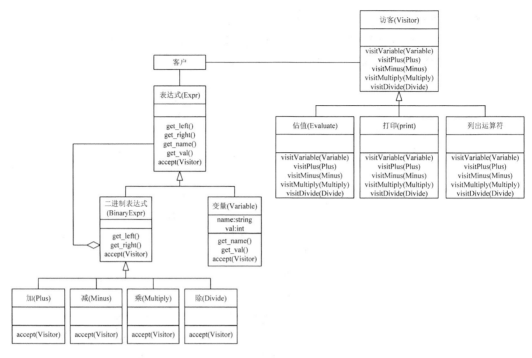

图 10-11　访客模式在复合模式上实现操作的应用

　　图 10-12 展示了复合对象和访客对象是如何一起工作的。为了评估复合表达式 e，调用 e 的 accept()方法，传递一个评估对象作为参数。根据 e 的类类型，accept()方法通过调用适当的 Vistor 方法来响应。例如，Plus 类中的 accept()方法总是调用 visitPlus()。

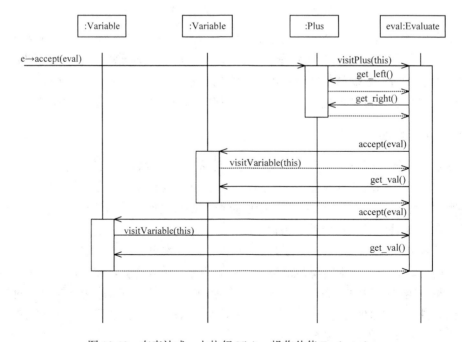

图 10-12　在表达式 e 上执行 Visitor 操作估值 Evaluate()

然后调用的 Visitor 方法对 e 进行操作。随着操作的进行，Visitor 操作被反复传递给复合对象中各个元素的 accept()方法；这些元素在 Visitor 中调用适合类型的方法；然后适合类型的方法对元素进行操作。

这个例子清楚地表明了访客模式并没有消除操作和复合对象之间的耦合；实际上，操作的设计取决于复合对象的结构。访客模式的主要优点是操作更具凝聚力，可以在不接触复合对象代码的情况下添加新操作。

习　　题

1. 面向对象设计主要关注什么方面？具体内容是什么？

2. 面向对象设计中的继承与对象复合有什么区别？各自用处是什么？

3. 可替代性是什么意思？如何应用？

4. 面向对象设计方法可以用于开发任何系统吗？面向对象的优点与缺点分别是什么？给出一个不适合面向对象开发策略的例子。

5. 没有经验的面向对象程序员通常会实现以下类层次结构，其中堆栈 Stack 类被定义为 List 的子类：

```
CLASS List {
      data: array [1..100] of INTEGER;
      count: INTEGER:= 0;
METHODS
    insert (pos: 1..100; value: INTEGER);
    require: insert value into List at position pos
    delete (pos: 1..100)
    ensure: remove value stored at position pos from List
    retrieve (pos: 1..100): INTEGER;
    ensure: return value stored at position pos in List
}
CLASS Stack EXTENDS List {
METHODS
    push(value: INTEGER)
    ensure: append value to end of Stack
    pop(): INTEGER;
    ensure: remove and return value from end of Stack
}
```

解释为什么这是对继承的错误使用。

6. 请解释迪米特法则的意义。如何应用它进行面向对象设计？

7. 考虑一个简化的面向对象设计，如图 10-13 所示，用于银行系统。可以在银行开立账户，也可以从账户中存取资金。账户通过其账号进行访问。使用装饰器模式向设计中添加以下两个新的银行功能：

1）透支保护：允许客户在账户余额为零时取款；此功能中可提取的总金额是预定义的信用额度。

2）交易费：每次存取款交易向客户收取固定费用。

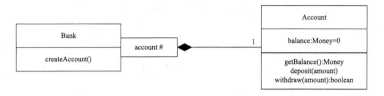

图 10-13 习题 7 中的银行系统初始设计

8. 银行必须向政府税务部门报告超过 50000 元以上的所有交易（存款和取款）。基于习题 7 中的银行系统初始设计（图 10-13），使用观察者模式构建一个监控所有账户交易的类。

第 11 章　面向对象实现

通过前面所学到的技能帮助开发者了解了用户的需求，并为其设计了高级别的解决方案。现在，必须将解决方案作为软件来实现，即必须编写实现设计的程序。这项任务的难点在于：首先，设计者可能没有解决跟平台和编程环境特性有关的所有问题，易于用图表描述的结构和关系并不总是易于以代码的形式编写；其次，必须以一种不仅在重新访问代码和进行测试时，而且在系统随着时间的推移而发展时，其他人也能理解的方式编写代码；最后，必须利用设计的组织结构、数据结构和编程语言的特点，同时还要创建易于重用的代码。显然，有很多方法可以实现一个设计方案，有很多语言和工具可用，包括本章涉及的面向对象语言（如 C++）。在本章中，将介绍适用于面向对象方法的编程过程，这些内容通常适用于任何实现。也就是说，本章没有教如何编程，而是解释了在编写代码时应该记住的一些软件工程实践。

对于软件来说，一旦编写了程序组件，就可以着手开始进行测试。测试有很多种类型，前述章节介绍了如何进行系统化的测试，这些方法有助于向客户提供质量体系，发现软件设计与实现中的故障，使测试工作更高效。在本章中，将关注面向对象测试及其与传统测试的异同之处。

11.1　编　程　过　程

程序员遵循什么样的过程来确保生成的代码是高质量的？直到本世纪初，编程过程还不是研究的重点。软件工程研究人员通常认为，只要设计好，任何程序员都可以将设计转化为可靠的代码。但好的代码不仅是好的设计的结果，也是想象力和良好的问题解决能力、经验和艺术性的结果。为了理解哪些流程支持良好的编程实践，首先研究如何解决问题。

11.1.1　编程就是解决问题

如何解决问题？答案显然不唯一。有一个较为著名的共识是一个好的解决方案需要四个不同的阶段，依次是理解问题、制订计划、执行计划、回顾过去。

为了理解这个问题，要分析它的每一个要素，如哪些是已知的和未知的，哪些是可能知道的和不可能知道的，这些问题涉及数据和关系。正如一个好的系统分析员根据系统边界来构建一个问题，一个好的问题解决者首先必须理解问题解决的条件；然后，一旦能够定义条件，就会询问这些条件是否可以满足。

程序员通常通过绘制流程图或图表来显示动态分配的数据结构在执行各种操作时是如何改变的，这样的描述有助于增进理解和识别问题的各个部分，甚至可以将问题分解为更小、更容易处理的问题。在某种程度上，这种重新构建以获得理解是一种微观设计活动：程序设计被仔细审视，并被重新组织成比设计的原始框架更容易处理的片段。接下来，制订一个计划来确定如何从已知的问题中得出解决方案。数据和未知问题之间有什么联系？如果没有明确的联系，那么这个问题在哪些方面与其他更广为人知的问题类似？试图从模式的角度来思考当前的问题，即是否有一种模式或一组模式可以适应此问题？

11.1.2　极限编程

在极限编程中，有两种类型的参与者：客户和程序员。

客户代表最终系统的用户。在这个角色中，客户执行以下活动：定义程序员将实现的功能，使用故事描述系统的工作方式；描述软件准备就绪时将运行的详细测试，以验证故事是否正确实施；为故事及其测试分配优先级。

程序员编写代码来实现这些故事，并按照客户优先级指定的顺序进行。为了帮助客户，程序员必须估计编写每个故事需要多长时间，以便客户可以计划验收测试。计划以两周为一个增量进行，以便在客户和程序员之间建立信任。极限编程不仅仅涉及程序员和客户之间的对话；程序员在配对程序时也会有对话：并排坐在工作站上，协作构建单个程序。

11.1.3　结对编程

结对编程的概念是敏捷开发中比较激进的一种，因此在本章中对其进行更深入的研究。在结对编程中，两个程序员使用一个键盘、显示器和鼠标，每一位程序员都扮演着非常特殊的角色。一个人是驾驶员或飞行员，控制计算机并实际编写代码；另一个人是导航员，查看驾驶员代码并提供反馈。两个程序员定期交换角色。

关于"结对编程有助于生产力和质量的提高"这一说法，其证据并不充分，而且往往模棱两可。例如，Parrish 等报告了使用结对开发对生产力的影响。研究中的程序员平均有 10 年的工作经验。这项研究测量了程序员间协作的程度，即结对的程序员在同一天在同一模块上工作的程度。Parrish 等发现，"尽管是经验丰富、方法论训练有素的程序员，效率也要低得多"。此外，该研究发现，在较晚开发的模块上，结对并不比在较早开发的模块上更有效率。然而，来自卡内基梅隆大学软件工程研究所（在评估个人软件过程中）的报告表明，在生产率和质量方面，使用传统方法的程序员在进行更多编程时会变得更好。Parrish 和他的同事得出结论认为，结对工作并不是天生高效的，Parrish 等建议有一些方法可以使用结对编程的基于角色的协议来帮助克服结对工作中的生产力损失。

虽然从逻辑上说，结对编程比传统的单独编程生成代码更快，错误密度更低。然而，结对编程的成本效益比取决于这些优势到底有多大。特别是，结对编程只有在强大的市场压力下才会有回报，管理者鼓励程序员在下一个版本中快速实现下一组功能。在一项研究中，结对编程团队的效率比使用传统方法的团队高 51%，但在另一项研究中，传统方法的团队的效率更高，为 64%。这些研究中有许多涉及小而不切实际的项目；其他人可能会受到所谓的霍桑效应的影响，在霍桑效应中行为的改善不是因为更好的过程，而是因为人们对参与者的关注。

结对编程的其他好处：如在编写代码时，让一位年长、经验丰富的程序员为新手提供建议，这是一种强大的学习体验；在开发过程中，让第二双眼睛检查代码有助于及早发现错误。

结对编程的不足之处有以下两方面。一是它可能会被两人之间必要的互动所干扰，从而抑制解决问题的关键步骤。有一句关于敏捷开发的名言，"敏捷开发可以把擅长解决问题的人推到后台，让编程团队成员成为中心舞台，可以说得很好，但可能缺乏完成困难的设计和编码任务所需的分析技能"。此外，优秀的问题解决者需要时间独处，仔细思考，制订计划，并分析选择。这种安静的时间并不是结对编程过程中固有的。二是需要采取额外的步骤来调整极限编程，以完成大规模任务关键型软件的实现。例如，在没有架构指导原则的情况下，每个程序员都有自己对整体架构应该是什么的看法，并且看法有很大差异。因此，高层架构文档被用作路线图，以帮助开发人员进行规划。研究人员发现，定义基线体系结构、使用有文档记录的场景来帮助描述关键的抽象，以及定义系统边界，而不是使用按优先级排序的故事。最后，使用文档来帮助团队成员之间进行一定的沟通。虽然严格的敏捷开发倡导避免使用文档，但实际上少量关键文档是必要的。设计审查也是如此，以确保正在构建的软件在其可能的寿命（大型软件一般定义为 30 年）内是可维护的。因此，现代编程的发展趋势很可能是几十年来倡导的良好实践和敏捷开发支持者所支持的灵活方法的结合。

11.2　信息系统示例

本节考虑快递管理系统中的模块设计。设计的一个方面涉及收集客户行为的大数据，比如在某个地区的客户请求取件时，其他客户也取件的情况。该模块设计包含快递名称、客户，日期、取件时间，分派的快递员等属性。通过编写一个 C++ 函数，找到所有与某个指定客户申请取件片段同时的其他取件事件。在将有关某个事件的信息传递给函数时，可供选择的参数传递机制有按值传递、指针传递、引用传递。

11.2.1　按值传递

如果按值传递有关取件事件的信息，则不会更改该事件的实际值，取而代之的是制作一个副本并将其放置在本地堆栈上。一旦该方法终止，该方法就无法再访问本地值。使用这种方法的一个优点是调用组件不需要保存和恢复参数值。但是，如果参数很大，传递值可能会占用大量时间和空间。此外，如果该方法必须更改参数的实际值，那么这种技术就没有用处。如果实现按值传递的方法，在 C++ 中可以写成这种形式：

```
void Match:: calv(RequestService start_time)
{
first_request = start_time + increment;
// 系统会计算取件过程，程序可以直接使用这些值。
}
```

11.2.2 指针传递

如果将参数作为指针传递，则没有该论点的副本；相反，该方法接收指向事件实例的指针。通过指针传递可以更改参数值，且在例程终止后更改的值仍然存在。参考代码如下所示：

```
void Match:: calp(RequestService * requestService)
{
        requestService ->setStart (requestService ->getStart());
        // 本例传递一个指向事件实例的指针
        //然后，例程可以使用 -> 操作符调用事件的服务（如 setStart 和 getStart）
}
```

11.2.3 引用传递

如果将参数作为引用传递，则参数传递类似于通过指针传递（如参数值可以更改），但参数及其服务的访问就像是通过按值传递一样。代码如下所示：

```
void Match:: calr(RequestService & requestService)
{
        requestService.setStart (requestService.getStart());
        // 本例传递了事件的地址
        // 然后，例程可以使用运算符 . 调用事件的服务（如 setStart 和 getStart）
}
```

一旦决定了处理参数传递的首选方式，就应该在内联注释和外部文档中记录该选择。这样，另一个可能正在重用或更新代码的程序员将理解低级设计决策，并使新代码与旧代码保持一致。

11.3 实时系统示例

实时系统软件的一个主要问题是需要适当地处理故障，这一点对于大多数实时系统而言都是关键甚至致命的（譬如航天火箭发射系统、金融实时结算系统等）。这种情况可能会影响实现语言的选择（倾向于使用更加底层、更加高效的语言）。

由前面章节可知，处理故障的一种常用方法是引发异常。异常是一种情况，当检测到这种情况时，会导致系统的控制权被传递给代码中一个称为异常处理程序的特殊部分。反过来，异常处理程序调用旨在修复底层故障的代码，或者至少将系统移动到比异常状态更可接受的状态。采用契约式（contract）设计的程序中通常在契约中包含特定的异常处理程序。

很多编程语言包含明确的异常处理程序，在执行方法发生异常时，则可以调用某些特殊代码来解决问题。实际上，必须就救援工作如何进行做出相应的设计决策。有时救援人员会修复问题，并尝试重新执行该方法。在其他情况下，救援代码完成其工作，然后将控制权传递给另一个异常处理程序；如果问题无法修复，则系统将恢复到可以正常安全终止的状态。在契约式设计中，契约包括先决条件、断言和后置条件。为了处理异常，还包含其他后置条件，这些后置条件解释了如果发现断言为假，系统状态应该是什么。这种设计显然可以在实时系统事故发生前一定程度上做异常处理。

C++编译器没有标准的异常处理程序。但是符合契约设计风格的异常代码可以实现为

```
try
{
}
catch (...)
{
// 尝试修补状态，或者满足后置条件，或者再次引发异常
}
```

无论选择何种语言和异常处理策略，重要的是要有一个全系统的策略，而不是在每个组件中有不同的方法。方法的一致性使故障排除和跟踪故障的根本原因变得更容易。出于同样的原因，尽可能多地保存状态信息是有帮助的，这样可以重建导致故障的条件。

11.4　测试面向对象系统

本书中描述的许多系统测试技术适用于所有类型的系统，包括面向对象的系统。然而，还需采取一些额外的步骤来确保测试技术已经兼顾了面向对象程序的特性。

11.4.1　测试代码

Rumbaugh 等建议通过以下几个问题开始测试面向对象系统：当代码需要一个唯一的值时，是否有一条路径可以生成唯一的结果？当存在许多可能的值时，是否有方法选择唯一的结果？是否存在未处理的有用案例？

接下来，确保检查对象和类本身是否存在过度和不足：缺少对象、不必要的类或不必要的关联，或者关联或属性的位置不正确。Rumbaugh 等提供了一些指导方针，帮助开发者在测试期间识别这些条件，包括：发现不对称的关联和描述；可以在一个类上找到不同的属性和操作；一个类扮演两个或多个角色；操作没有对应的良好的目标类；发现两个具有相同名称和目的的关联。

如果类没有属性、操作或关联，那么它可能是不必要的。类似地，如果关联有冗余信息，或者没有操作使用路径，那么它可能是不必要的。如果角色名称太宽或太窄，不适合它们的位置，那么关联可能位于错误的位置。或者，如果需要通过对象的某个属性值来访问对象本身，则可能存在属性放置不正确的情况。对于每一种情况，Rumbaugh 等都提出了改变设计以补救这些情况的方法。

Smith 和 Robson 建议测试应该处理许多不同的级别：函数、类、集群（协作对象的交互组）以及整个系统。传统的测试方法很好地应用于函数，但许多方法没有考虑测试类所需的对象状态。至少，应该开发出能够跟踪对象状态及其变化的测试方法。在测试期间，应注意并发和同步问题，并确保相应的事件完整且一致。

11.4.2 面向对象测试与传统测试的区别

Perry 和 Kaiser 仔细研究了面向对象组件的测试，尤其是那些从其他应用程序重用的组件。面向对象的特性通常被认为有助于最小化测试，但情况并非总是如此。例如，封装隔离了单独开发的组件。人们很容易想到，如果程序员重用了一些组件而没有进行更改，但是重用其他组件时进行了一些更改，那么只需要测试更改部分的代码。然而，"一个经过充分隔离测试的项目可能无法进行充分的组合测试"。事实表明，当添加一个新的子类或修改一个现有的子类时，必须重新测试从每个父类继承的方法。Perry 和 Kaiser 还检查测试了用例的充分性。对于过程语言，可以使用一组测试数据来测试系统；然后，当对系统进行更改时，可以测试更改是否正确，并使用现有的测试数据来验证附加的、剩余的功能是否仍然相同。但是，面向对象系统的情况不同，当一个子类用具有相同名称的本地定义的方法替换继承的方法时，必须重新测试重写的子类，并且可能使用不同的测试数据集。

Harrold 和 McGregor 描述了一种使用面向对象系统的测试用例历史来最小化额外测试量的技术。他们首先测试没有父母的基类，测试策略是单独测试每个函数，然后测试函数之间的交互；接下来，提供一个算法来增量更新父类的测试历史，仅测试新属性或受继承方案影响的属性。

Graham 从两个方面总结了面向对象测试和传统测试之间的差异。首先，指出了面向对象的哪些方面使测试更容易，哪些方面使测试更困难，如图 11-1 所示。例如，对象往往很小，通常存在于组件中的复杂性往往被推向组件之间的接口。这种差异意味着单元测试不那么困难，但集成测试必须更加广泛。正如所看到的，封装通常被认为是面向对象设计的一个积极属性，但它也需要更广泛的集成测试。类似地，继承引入了对更多测试的需求，如果需要，继承的函数需要额外的测试，如被重新定义，在派生类中具有特定行为，该类中的其他功能应该是一致的。其次，介绍了测试过程中受对象定向影响的步骤。图 11-2 给出了雷达图，用于比较面向对象测试和传统测试之间的差异。灰色多边形显示需求分析与验证、生成测试用例、源代码分析和覆盖分析需要特殊处理。灰线离中心越远，面向对象测试和传统测试之间的差异就越大。

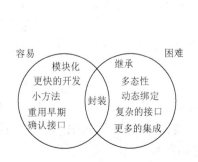

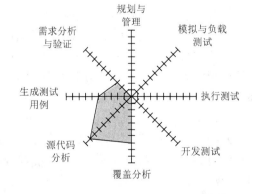

图 11-1　测试面向对象系统的容易和困难部分　　图 11-2　面向对象测试中不同的重要测试领域

- 需求可能会在需求文件中表达，但很少有工具支持验证以对象和方法的方式表达的需求。
- 同样，大多数帮助生成测试用例的工具都没有准备好处理以对象和方法的方式表示的模型。
- 大多数源代码度量是为过程代码定义的，而不是为对象和方法定义的。在评估面向对象系统的规模和复杂性时，圈数等传统指标几乎没有用处。随着时间的推移和研究人员提出并测试有用的面向对象测量方法，这种差异将逐渐消失。
- 由于对象之间的交互是复杂性的来源，代码覆盖率度量和工具在面向对象测试中的价值低于传统测试。

习　题

1. 什么样的编程是高质量的？请列举一些有助于高质量编程的方法。

2. 假设使用 C++语言进行项目编码，如何实现信息的传递？不同方法之间的优势和劣势是什么？

3. 参考 11.2 节，考虑一个学籍信息管理系统，如果使用 C++实现学籍的信息查询和传递，请写出相应形式的代码。

4. 在实现实时性要求高的系统时，如何在代码编写时考虑对故障的处理？

5. 面向对象测试区别于传统测试之处在哪里？你认为面向对象方法会造成测试难度的增加吗？理由是什么？

第 12 章　软件项目管理

在经历了软件危机和大量的软件项目失败以后，人们对软件工程产业的现状进行了多次的分析，得出了普遍性的结论，即软件项目成功率低的原因可能是项目管理能力太弱。由于软件本身的特殊性及复杂性，将项目管理思想引入软件工程领域，就形成了软件项目管理。软件项目管理对于整个软件项目起着至关重要的作用，甚至关乎软件项目的存亡。20 世纪 70 年代中期，人们发现 70%的项目失败是由于管理不善导致的，而并不是因为技术实力不够，进而得出一个结论，即软件管理是影响软件项目全局的因素，而技术只是影响软件项目局部的因素。90 年代，调查发现大约只有 10%的项目能够在预定的成本和进度下交付。目前，软件项目管理已经成为软件项目开发中的核心问题之一。

软件项目管理是指软件生命周期中软件管理者所进行的一系列活动，其目的是在一定的时间和设计范围内有效的利用人力、资源、技术和工具，使软件系统或软件产品按照原计划和质量要求如期完成。

软件项目管理中涉及四个要素（简称为 4P），分别为人员（people）、产品（product）、过程（process）、项目（project）。

人员：软件项目管理任务的实施和目标都需要人去执行，因此软件项目管理本质上是对人的管理，人是软件项目的主体，是决定项目成败的关键因素。项目中涉及的人员包括项目高级管理人员、项目经理、开发人员和用户。

产品：软件项目过程和管理的实施，都是为了得到符合用户预期的软件产品。软件项目开发计划明确地预期了软件产品的目标，其中包括产品的功能和性能、产品所需的数据、工作环境、维护工作和产品的附加文档等。

过程：包含了任务、阶段成果、工作产品及质量保证点。在软件工程中，过程至关重要，它决定了在软件项目中以何种形式展开各阶段的活动，以及所需要的技术和人员支持等。软件项目过程分为技术实现过程和软件过程管理。技术实现过程主要体现在软件生命周期开发过程中，而软件过程管理采用了软件能力成熟度模型等代表性的过程管理方法。软件能力成熟度模型定义了不同的过程级别，以及各级别对应的关键域，为不同成熟度等级的过程管理提供了软件过程的标准。

项目：是整个软件工程中所涉及的所有资源、人员、相关辅助数据和文档的总和。

项目管理的四个核心是范围、时间、成本和质量，这四个方面形成了项目管理的四个具体目标，即项目范围管理是确定和管理为成功完成项目所要做的全部工作；项目时间管理包括项目所需时间的估算，指定可接受的项目进度计划，并确保项目及时完工；项目成本管理包括项目预算的准备和管理工作；项目质量管理是要确保项目满足明确约定的或者各方默认的需要。围绕这四个具体目标，本章重点介绍软件规模估算、软件工作量估算、软件进度计划、软件质量管理、软件配置管理、软件项目人员管理和软件能力成熟度模型。

12.1　软件规模估算

软件开发成本估算细分为软件规模估算、软件工作量估算、软件成本估算和确定软件开发成本四个过程，如图 12-1 所示。这四个估算过程层层递进、逐步细化，最终达到科学、一致的成本估算。

图 12-1　《软件工程 软件开发成本度量规范》（GB/T 36964—2018）中建议的软件开发成本估算基本流程

软件规模估算是项目估算的首要环节，是其他项目估算的基础。软件规模指的是软件的大小，可以通过程序代码行的长度、功能函数的数量、数据库中表的数量、数据库的大小等要素来描述软件规模。通常，软件规模越大，所花费的开发周期就越长，但这并不是一个简单的线性函数的关系，也要考虑代码重用问题，比如一个模块代码虽然很长，但是却包含了很多公用函数，那么在估算时就应适当减少代码行数量。

一般情况下，软件项目中包含的功能模块越多、越复杂（或者说软件越大），开发周期越长。这个时间绝不是模块开发时间的简单叠加，因为功能模块数量的增加直接带来了软件模块间的相互关联度和复杂度的成倍增加，这会引起在需求、设计等阶段需要花费更多的时间。另外，对于产品化程度高的项目开发，随着模块数量增加，开发周期的增加却不是特别明显。这是因为相当数量的模块可以完全重用，使实际开发工作量大大减少。因此，在实际进行软件开发周期估算的时候，首先要考虑软件规模。具体估算时，在考虑软件规模时要去除可重用的部分。另外，软件功能之间的关联所造成的复杂性也必须足够重视。

软件规模估算是比较复杂的工作，由于软件本身的复杂性、历史经验的缺乏、估算工具缺乏及一些人为错误，导致软件规模估算往往和实际情况相差甚远。因此，估算错误已被列入软件项目失败的四大原因之一。接下来介绍两种基本的软件规模估算方法：代码行估算技术和功能点估算技术。

12.1.1　代码行估算技术

代码行估算技术是用程序的代码量来衡量软件规模的方法。程序的代码量用代码行（line of code，LOC）表示。LOC 指所有的可执行的源代码行数，包括可交付的工作控制语言（job control language，JCL）语句、数据定义、数据类型声明、等价声明、输入/输出格式声明等。一代码行（1LOC）的价值和人月均代码行数可以体现一个软件生产组织的生产能力。组织可以根据对历史项目的审计来核算组织的单行代码价值。

代码行估算技术根据以往开发类似产品的历史数据和经验，来估计实现一个功能所需要的源代码行数。例如，某软件公司统计发现该公司每 1 万行 C 语言源代码形成的源文件（.c 和.h 文件）约为 100KB。以往类似项目的源文件大小为 2MB，则可估计该项目源代码大约为 20 万行。

为了更准确地估计项目规模，可以由多名有经验的软件工程师分别做出估计，并将综合结果作为估算的代码行数。每名工程师都估算程序的最小规模（min）、最大规模（max）和最可能的规模（m），分别算出最小、最大和最可能规模的平均值 $\overline{max}$、$\overline{min}$、$\overline{m}$ 后，程序规模 L 的估算公式为

$$L = \frac{\overline{max} + \overline{min} + 4\overline{m}}{6} \qquad (12\text{-}1)$$

这里用 K 表示项目的千行代码量（即每 1000 行代码作为一个千行代码单位），则

$$K = L/1000 \qquad (12\text{-}2)$$

假设项目的软件项目的工作量为 E，用人月（person month，PM）来度量，每人月的费用（包括人均工资、福利、办公费用公摊等）为 P，则该项目中

$$一代码行的价值 = \frac{E \times P}{L} \qquad (12\text{-}3)$$

$$千行代码的价值 = \frac{E \times P}{KL} \qquad (12\text{-}4)$$

$$人月均千行代码数 = K/E \qquad (12\text{-}5)$$

式中，人月均千行代码数可以用来表示软件生产率。软件生产率是对软件工程师在每周或每月完成的开发工作的一个平均数量的估计，表示为每月代码行数、每月功能点数等。

代码行估算技术的优点是估算方法简单、直观且易于实现，所以被广泛应用。其缺点是在开发初期估算代码行较为困难；仅适用于过程语言；与编程语言和工具密切相关，用不同语言实现同一功能所需要的代码量并不相同。

12.1.2 功能点估算技术

1. 定义

1979 年 IBM 提出了功能点估算技术，用人为设计的度量方式估计项目规模。功能点估算技术是从用户角度出发来估算软件项目规模的方法，通过量化系统功能来度量软件规模。功能点估算技术依据对软件信息域特性和软件复杂性的评估结果来估算软件规模，用功能点数作为单位度量。功能点估算技术定义了五个信息域的特征数，其中包含两个逻辑文件和三个基本过程。两个逻辑文件分别为内部逻辑文件、外部接口文件；三个基本过程分别为外部输入、外部输出、外部查询。

1）内部逻辑文件（internal logical file，ILF）：用户可确认的一组在软件内部维护的逻辑相关的数据或控制信息。内部逻辑文件的主要用途是通过本软件的一个或多个基本过程来控制数据。

2）外部接口文件（external interface file，EIF）：用户可确认的一组由本软件引用但

由其他软件维护的逻辑相关的数据或控制信息。外部接口文件的主要用途是通过本软件的一个或多个基本过程来控制数据引用，即一个软件的外部接口文件应是另一个软件的内部逻辑文件。

3）外部输入（external input，EI）：对来自本软件边界以外的数据或控制信息进行处理的基本过程。外部输入的主要用途是维护一个或多个内部逻辑文件和（或）改变系统的行为。

4）外部输出（external output，EO）：向本软件边界外发送数据或控制信息的基本过程。外部输出的主要用途是通过处理逻辑或者通过数据或控制信息的检索给用户提供信息。该处理过程应至少包含一个数学公式或计算，产生导出数据，维护一个或多个内部逻辑文件，或改变系统的行为。

5）外部查询（external query，EQ）：向本软件边界外发送数据或控制信息的基本过程。外部查询的主要用途是通过外部接口文件中的内部逻辑文件进行数据或控制信息的检索，给用户提供信息。这一处理逻辑不包含数学公式或计算，不产生导出数据，该处理过程既不维护内部逻辑文件也不改变系统行为。

简单来讲，EI 可以理解为增删改操作，比如发送会议通知、提交会议预定申请等，对现有的逻辑文件进行操作；EO 是对数据加工后展示的过程，比如一些数据的展示；EQ 是一些查询操作，与 EO 的区别在于 EO 的数据规模是不确定的，更偏向于是实时更新的数据规模，按照输入的条件整合后输出展示，而 EQ 则是预设的稳定的数据规模，不需要进一步处理而直接输出的基本过程。

功能点估算技术的五个信息域见表 12-1。

表 12-1 功能点估算技术的五个信息域

事务功能	数据功能
外部输入（EI）	内部逻辑文件（ILF）
外部输出（EO）	外部接口文件（EIF）
外部查询（EQ）	

2. 估算过程

功能点估算技术的估算过程包括以下三个步骤。

（1）计算未调整功能点数（unadjusted function point，UFP）

先根据表 12-2 为每个信息域的特征设置一个功能点数。例如，一个简单的外部输出分配 4 个功能点，一个复杂的外部查询分配 6 个功能点。

再根据以下公式计算未调整的功能点数 UFP：

$$\text{UFP}=a_1\times N(\text{EI})+a_2\times N(\text{EO})+a_3\times N(\text{EQ})+a_4\times N(\text{ILF})+a_5\times N(\text{EIF}) \tag{12-6}$$

式中，$N(\text{EI})$、$N(\text{EO})$、$N(\text{EQ})$、$N(\text{ILF})$和$N(\text{EIF})$分别表示五个信息域特征的个数；$a_i(1\leqslant i\leqslant 5)$表示五个信息域的复杂度权重，如表 12-2 所示。

表 12-2 信息域的复杂度权重

信息域	权重		
	简单	一般	复杂
外部输入	3	4	6
外部输出	4	5	7
外部查询	3	4	6
外部接口文件	7	10	15
内部逻辑文件	5	7	10

（2）计算技术复杂因子（technical complexity factor，TCF）

表 12-3 中给出了 14 种技术因素，用 F_i 表示技术因素对软件规模的影响程度，F_i 的取值在[0,5]的整数，其取值越低，表示该技术因素对项目规模的影响越小，反之，则表示该技术因素对项目规模的影响越大。F_i 取值从 0 到 5，表示该因素对软件规模的影响程度分别为无影响、偶然的、适中的、普通的、重要的和极重要的。

TCF 用以下公式进行计算：

$$TCF = 0.65 + 0.01 \times \sum_{i=1}^{14} F_i \qquad (12\text{-}7)$$

式中，$\sum_{i=1}^{14} F_i$ 的值在 0～70，因此 TCF 的取值在 0.65～1.35。

表 12-3 影响程序规模的技术因素（F_i 取值范围为[0,5]）

序号	技术因子描述
1	可靠的备份和恢复
2	分布式函数
3	大量使用的配置
4	操作简便性
5	复杂界面
6	重用性
7	多重站点
8	数据通信
9	性能
10	联机数据输入
11	在线升级
12	复杂数据处理
13	安装简易性
14	易于修改性

（3）计算功能点数（function point，FP）

根据前两步得到的 UFP 和 TCF 计算 FP：

$$FP=UFP \times TCF \qquad (12\text{-}8)$$

功能点估算技术采用的度量方法主要基于系统的逻辑设计，并且基于客观外部应用接口和主观的内部应用复杂度以及总体的系统性能特征，对软件功能规模进行间接定量估算。功能点估算技术可以适用于新开发项目、二次开发项目和功能增强项目。

功能点估算与项目所使用的编程语言无关，但在设置信息域特征复杂度权重和技术因素的影响时存在较大的主观因素。

功能点估算技术和代码行估算技术之间的区别和联系如表 12-4 所示。

表 12-4　功能点估算技术和代码行估算技术之间的区别和联系

区别与联系	代码行估算技术	功能点估算技术
区别	以技术角度进行估算	以用户角度进行估算
	与实现技术和编程语言密切相关	与实现技术和编程语言无关
	需要一定的历史数据支持	无须一定的历史数据支持
联系	在项目开始或项目需求基本明确时使用，估算准确性较高	
	通过行业标准或企业自身度量分析，功能点估算技术可以转换为代码行估算技术	

12.2　软件工作量估算

12.2.1　工作量估算定义

Swapna Kishore 与 Rajesh Naik 合著的《软件需求与估算》（*Software Requirements and Estimation*）一书中指出："工作量估算，这是对开发软件产品所需的人力的估算。这是任何软件项目所共有的主要成本。它和进度估算一起决定了开发团队的规模和构建。通常以人天、人月、人年的形式来衡量，并且有转换系数在不同单位之间进行转换。工作量估算是由规模和与项目有关的因素所驱动的，如团队的技术和能力、所使用的语言和平台、平台的可用性与适用性、团队的稳定性、项目中的自动化程度等等。"

项目工作量估算是非常困难的，尤其是项目开发早期的项目工作量估算可能是建立在不完整的用户需求上的，因此其估算的误差较大。如在软件开发的早期阶段，由于软件可能需要运用到新的开发技术或者运行在某些特殊平台上，管理者不了解参与人员的技术水平，这些不确定因素都导致在软件开发的早期对系统开发成本进行精确估计是相当困难的。随着项目开发的推进，项目工作量估算会越来越准确。图 12-2 给出了随着软件开发的深入，对相关估算误差的变化情况。假设软件开发的早期阶段对工作量的估算是 x 个月，那么此时实际工作量范围可能是 $0.25x \sim 4x$，误差非常大；随着软件开发过程的进行，对工作量的估算越来越准确。

12.2.2　项目工作量估算方法

项目工作量估算方法可以分为以下两类。

1. 基于经验的技术

基于经验的技术是使用管理者以往项目和应用领域的经验来估算现有项目的未来

工作量，该方法依赖评估人员的主观性过大，所以估算出的结果很可能误差较大。

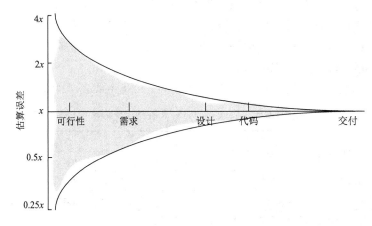

图 12-2　软件开发过程中的工作量估算的变化

2. 算法成本建模

基于算法成本建模的方法是基于产品属性（包括软件规模、过程特点及参与人的技术水平和经验等），根据公式化方法估算项目的工作量。接下来，分别介绍两种经典的算法成本建模模型：Putnam 模型和构造性成本模型（constructive cost model，COCOMO）。

（1）Putnam 模型

Putnam 模型是一种典型的动态多变量模型，它假设在软件开发的整个生命周期中工作量有特定的分布。基于大型软件工程项目收集的数据，Putnam 通过建立一个资源需求曲线模型来导出模型：

$$L = C_k E^{1/3} t_d^{4/3} \tag{12-9}$$

式中，L 是源代码的行数；E 是软件开发和维护在整个生命周期内所花费的工作量（以人年为单位）；t_d 是开发持续的时间（以年为单位）；C_k 是技术状态变量，它反映"妨碍开发进展的限制"（取值因开发环境而异：对于较差的开发环境，$C_k=2000$；对于好的开发环境，$C_k=8000$；对于优越的开发环境，$C_k=11000$）。

从上述模型方程中，可得出开发所需要的工作量 E：

$$E = \frac{L^3}{C_k^3 \times t_d^4} \tag{12-10}$$

Putnam 模型中定义了一个系数 D，其被称为人员配备加速度：

$$D = \frac{E}{t_d^3} \tag{12-11}$$

表 12-5 中展示了不同类型软件项目的人员配备加速度（D）的情况，对于已有系统的重复实现的项目而言，预计开发进展较为顺利，人员配备加速度最快；而开发一个全新独立的系统则减慢了人员配备速度；对于与其他系统交互较多的新软件项目，有着更多"妨碍开发进展"的限制，使该类型项目有着较低的人员配备加速度。

表 12-5　软件项目与人员配备加速度（D）

软件项目	D
已有系统的重复实现	27
全新独立的系统	15
与其他系统交互较多的新软件	12.3

（2）COCOMO 模型

COCOMO 模型是由巴利·W. 玻姆于 1981 年提出的一种软件成本估算方法。该模型使用一种基本的回归分析公式，将项目历史和现状中的某些特征作为参数来进行计算，从本质上说它是一种参数化的项目估算方法。参数建模是把项目的某些特征作为参数，通过建立一个数字模型预测项目成本。

目前最主流的算法成本建模方法是 COCOMO II 模型，该模型由巴利·W. 玻姆等于 1997 年提出。COCOMO II 模型是 COCOMO 模型的改进版，反映了十多年来在项目成本估算方面所积累的经验，考虑了现代软件开发方法，如基于复用的开发、数据库编程和基于动态语言的快速开发等方法。COCOMO II 模型包含了四个基于这些技术的子模型。

1）应用组合模型。软件规模估算基于应用点，可根据简单的软件生产率公式来估算所需工作量。

2）早期设计模型。该模型应用于获得需求以后的早期系统设计阶段，使用功能点进行估算，然后转化为代码行。

3）复用模型。该模型基于复用或生成的代码行，来继承可复用构件或者自动生成代码的工作量。复用模型一般与后体系结构模型结合使用。

4）后体系结构模型。当设计出软件系统体系结构后，可以更精确地估算软件规模。该模型基于代码行来估算基于系统设计规格说明的开发工作量。

COCOMO II 模型非常复杂，本书以 COCOMO II 模型中的后体系结构模型为例来讲解 COCOMO II 模型的估算过程。后体系结构模型是 COCOMO II 模型中最为详细的一个模型，其估算的基本公式为

$$PM = a \times Size^b \times M \tag{12-12}$$

$$M = \prod_{i=1}^{17} f_i \tag{12-13}$$

式中，PM 是以人月为单位的开发工作量；a 和 b 是 COCOMO II 模型中的系数；Size 是估计的代码行数（即 KLOC，以千行为单位）；f_i（i 取值为 1～17）是成本因素。对每个成本因素，基于其重要性和对项目工作量的影响程度赋予一个工作量系数。表 12-6 列出了 COCOMO II 模型所使用的成本因素和与之对应的工作量系数。巴利·W. 玻姆将成本因素分为四类：产品因素、平台因素、人员因素和项目因素。

为了确定 COCOMO II 估算公式中的模型系数 b 的取值，COCOMO 模型将项目分为组织式、半独立式和嵌入式三种类型，并将各类型所对应的 b 值分别设置为 1.05、1.12 和 1.20。COCOMO II 对系数 b 的设定进行了改进，设计了更精细、更灵活的 b 值分级模型，采用了五个分级因素，即项目先例性、开发灵活性、风险排除度、项目组凝聚力

表 12-6   COCOMO II 模型的工作量系数与成本因素

成本因素		级别					
		甚低	低	正常	高	甚高	特高
产品因素	要求的可靠性	0.75	0.88	1.00	1.15	1.39	
	数据库规模		0.93	1.00	1.09	1.19	
	产品复杂程度	0.75	0.88	1.00	1.15	1.30	1.66
	要求的可重用性		0.91	1.00	1.14	1.29	1.49
	需要的文档量	0.89	0.95	1.00	1.06	1.13	
平台因素	执行时间约束			1.00	1.11	1.31	1.67
	主存约束			1.00	1.06	1.21	1.57
	平台变动		0.87	1.00	1.15	1.30	
人员因素	分析员能力	1.50	1.22	1.00	0.83	0.67	
	程序员能力	1.37	1.16	1.00	0.87	0.74	
	应用领域经验	1.22	1.10	1.00	0.89	0.81	
	平台经验	1.24	1.10	1.00	0.92	0.84	
	语言和工具经验	1.25	1.12	1.00	0.88	0.81	
	人员连续性	1.24	1.10	1.00	0.92	0.84	
项目因素	使用软件工具	1.24	1.12	1.00	0.86	0.72	
	多地点开发	1.25	1.10	1.00	0.92	0.84	0.78
	要求的开发进度	1.29	1.10	1.00	1.00	1.00	

和过程成熟度;而原始 COCOMO 模型只考虑了项目先例性和开发灵活性两个分级因素对 b 值的影响。

COCOMO II 将每个因素划分为六个级别,用下列公式计算模型系数 b:

$$b = 1.01 + 0.01 \times \sum_{i=1}^{5} W_i \quad (1 \leqslant i \leqslant 5) \qquad (12\text{-}14)$$

式中, W_i 是模型采用的分级因素,是取值在 0~5 的整数。根据式(12-14), b 的取值范围为 1.01~1.26。

课程思政

介绍 OpenStack 开源社区——谈国产软件民族自豪感

OpenStack 是当今最具影响力的开源云计算管理工具——通过命令或者基于 Web 的可视化控制面板来管理 IaaS 云端的资源池(服务器、存储和网络)。它最先由美国国家航空航天局(NASA)和 Rackspace 在 2010 年合作研发,现在参与的人员和组织汇集了来自 100 多个国家超过 9500 名人员和 850 多个世界上赫赫有名的企业,如 NASA、谷歌、惠普、Intel、IBM、微软等。OpenStack 系统及其演变版本目前被广泛应用在各行各业,包括自建私有云、公共云、租赁私有云及公私混合云,用户包括思科、贝宝(Paypal)、英特尔、IBM、99Cloud、希捷等。可以说参与 OpenStack 的程度与企业技术竞争力、立足世界的格局息息相关。

华为公司从 2012 年加入 OpenStack 开源社区以来，基于"源于开源、强于开源、回馈开源"的理念，持续向社区贡献自己的力量。2017 年 3 月，华为成为亚洲首家 OpenStack 白金会员。在 2017 年 11 月 6～8 日举行的 OpenStack 悉尼峰会上，华为云被用户评为最受欢迎的 OpenStack 云供应商。

此后在社区贡献度方面，华为排名逐年稳步上升。2016～2017 年，华为在 OpenStack 三个版本（Mitaka、Newton、Liberty）的贡献中排名前十。2018 年 OpenStack Rocky 版本发布后，STACKALYTICS 网站（https://www.stackalytics.io/）对厂商的贡献明细进行了统计，华为综合贡献在全球厂商中排名第 2，国内排名第 1，对比上一个版本 Queens，这已经是华为连续两次获得全球排名第 2。2019 年，华为迎来贡献排名第 1 的殊荣。

华为在开源领域的开拓，正是国产软件业逐步发展，开始在世界舞台扮演重要角色的一个写照。我们应当借鉴华为公司从深度参与到全面引领世界软件行业的经验，了解产业发展情况，为自己订立奋斗目标。

（资料来源：佚名. 华为成为亚洲首家 OpenStack 白金会员[EB/OL].（2017-03-10）[2022-03-21]. https://www.huawei.com/cn/news/2017/3/huawei-openstacks; https://www.stack alytics.com/）

12.2.3　基于工作分解结构的工作量估算

工作分解结构（work breakdown structure，WBS）就是把一个项目按一定的原则分解，如项目分解成任务，任务分解成一项项工作，再把一项项工作分配到每个人的日常活动中，直到分解不下去为止。WBS 以可交付成果为导向对项目要素进行分组，它归纳和定义了项目的整个工作范围，每下降一层代表对项目工作的更详细定义。WBS 总是处于计划过程的中心，也是制订进度计划、资源需求、成本预算、风险管理计划和采购计划等的重要基础。

基于 WBS 的工作量估算方法是非常常见的一种估算方法，又称为由底向上法（自下而上法），通常的估算步骤如下：①寻找以往类似的历史项目，进行项目的类比分析，基于历史项目的工作量凭经验估计本项目的总工作量；②进行 WBS 分解，力所能及地将整个项目的任务进行分解；③参考类似项目的数据，采用类比法或专家法，估计 WBS 中每类活动的工作量；④汇总得到项目的总工作量；⑤与第①步的结果进行印证分析，根据分析结果，确定估计结果。

12.3　软件进度计划

12.3.1　甘特图

甘特图（Gantt chart）是历史悠久、应用广泛的制订进度计划的工具，下面通过对简单例子的分析进行介绍。

假设某项目开发小组拟开发一个软件系统，软件系统的各个阶段工作内容描述如下：可行性分析需要 15 天；需求分析分为两个阶段分别为 15 天和 10 天；概要设计分为两个阶段分别为 10 天；详细设计分为两个阶段分别为 20 天和 30 天；编码工作分为两个阶段分别为 30 天；测试工作分为 3 个阶段分别为 10 天、15 天和 20 天。一种做法是将所有的工作按顺序进行，先完成软件系统开发的可行性分析阶段，接着按顺序进行需求分析、概要设计、详细设计、编码工作和测试工作。显然，这种做法效率极低，工作无法并行进行，需要 215 天才能完成软件系统的开发，而现实中一些阶段往往可以并行进行，通常第一阶段需求分析完成的时候，就可以对已经完成的需求分析部分进行第一阶段概要设计；在第一阶段详细设计和全部概要设计完成后可以进行第二阶段的详细设计；在第一阶段详细设计完成后，就可以进行编码工作，编写一些工具类或者常用的函数，同时也可以开展第一阶段的测试工作，编写测试样例。当第一阶段编码工作完成后可以进行第二阶段的测试工作，测试第一阶段编写代码的正确性，而第三阶段测试工作需要在编码工作全部完成后才能进行，因为要对所有的功能进行测试。

因此，实际的软件系统开发过程的甘特图如图 12-3 所示，从图中可以看出，一些阶段可以同时进行，这样软件系统的开发只需 150 天，而采用按顺序完成的话则需要 215 天。

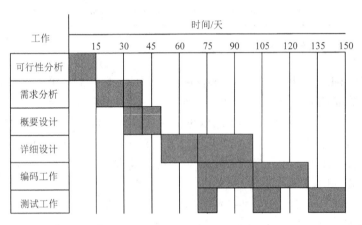

图 12-3　软件系统开发过程的甘特图

甘特图形象地描绘了任务分解情况及每个子任务（作业）的开始和结束时间，具有直观简明、容易掌握和容易绘制的优点。缺点是：不能显式地描绘各项作业彼此间的依赖关系；进度计划的关键部分不明确；计划中有潜力的部分及潜力的大小不明确，往往造成潜力的浪费。

12.3.2　工程网络

工程网络是制订进度计划时另一种常用的图形工具，它同样能描绘任务分解情况及每个子任务（作业）的开始和结束时间，能显式地描绘各项作业彼此间的依赖关系，如图 12-4 所示。事件（一项作业开始或结束），仅仅是可以明确定义的时间点，它并不需要消耗资源和时间。

在工程网络中的一个事件，如果既有箭头进入又有箭头离开，则它既是一些作业的结束又是另一些作业的开始。例如，图 12-4 中事件 3 既是 2—3 需求分析阶段 1 的结束，又是 3—4 需求分析阶段 2 和 3—5 概要设计阶段 1 的开始。也就是说只有第一阶段的需求分析完成后，才能开始第二阶段的需求分析和第一阶段的概要设计。因此，工程网络显式地表示了作业之间的依赖关系。

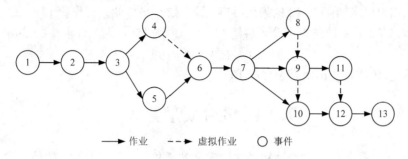

图 12-4　软件系统开发过程的工程网络

注：1—2 可行性分析；2—3 需求分析阶段 1；3—4 需求分析阶段 2；3—5 概要设计阶段 1；5—6 概要设计阶段 2；6—7 详细设计阶段 1；7—8 详细设计阶段 2；7—9 编码工作阶段 1；7—10 测试工作阶段 1（根据设计编写测试用例）；9—11 编码工作阶段 2；10—12 测试工作阶段 2；12—13 测试阶段 3。虚拟作业：4—6、8—9、9—10、11—12。

12.3.3　估算工程进度

画出工程网络之后，系统分析员可以借助它估算工程进度，但需要在工程网络上增加一些必要的信息。图 12-5 中箭头上的数字表示作业的持续时间，圆圈内右上角和右下角的数字分别表示最早时刻（earliest time，ET）和最迟时刻（latest time，LT）。

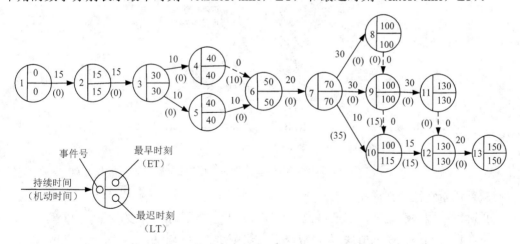

图 12-5　软件系统开发过程的完整的工程网络

计算 ET 使用的三条简单规则有：考虑进入该事件的所有作业；对于每个作业都计算它的持续时间与起始事件的 ET 之和；选取上述和数中最大值作为该事件的 ET。例如，已知事件 10 的最早开始时刻为 100，作业 10—12 持续时间为 15 天，事件 11 最早开始时刻为 130，作业 11—12 为一个虚拟作业，持续时间为 0 天，但是作业 12—13 依赖于作业 9—11，所以可以计算出事件 12 的最早开始时刻为

$$ET = \max\{100+15, 130 + 0\} = 130$$

计算 LT 使用的三条简单规则有：考虑离开该事件的所有作业；从每个作业的结束事件的最迟时刻中减去该作业的持续时间；选取上述差数中的最小值作为该事件的 LT。例如，图 12-5 中的最后一个事件 13 的最早时刻和最迟时刻相同，都是 150。按照逆作业流方向，接下来的时刻是事件 12 的最迟时刻，离开这个事件的只有作业 12—13，该作业的持续时间为 20 天，它的结束事件（事件 13）的 LT 为 150，因此，事件 12 的最迟时刻为

$$LT = 150 – 20 =130$$

类似地，可以依次计算出所有事件的 LT。

12.4　软件质量管理

软件质量就是软件与明确地和隐含地定义的需求相一致的程度：软件需求是度量软件质量的基础，与需求不一致就是质量不高；如果软件满足明确描述的需求，但却不满足显式描述的隐含需求，那么软件的质量是值得怀疑的；不遵守一组指导软件开发的准则，会导致软件质量不高。

12.4.1　软件质量因素

McCall 提出了表明软件质量的 11 个质量特征，侧重于软件产品的三个重要方面：产品运行、产品修改和产品转移，共有 11 个软件质量因素，如图 12-6 所示。

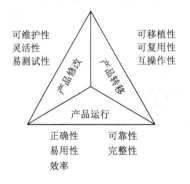

图 12-6　McCall 软件质量因素

软件质量特征详细描述如下。

正确性：程序满足其需求规格说明和完成用户任务目标的程度。

可靠性：期望程序以所要求的精度完成其预期功能的程度。

易用性：对程序进行学习、操作、准备输入和解释输出所需要的工作量。

完整性：对未授权的人员访问软件或数据的可控程度。

效率：程序完成其功能所需的计算资源和代码的数量。

可维护性：查出和修复程序中的一个错误所需要的工作量。

灵活性：修改一个运行的程序所需的工作量。

易测试性：测试程序以确保它能完成预期功能所需的工作量。

可移植性：将程序从一个硬件和软件系统环境移植到另一个环境所需要的工作量。

可复用性：程序（或程序的一部分）可以在另一个应用中使用的程度，其与程序所执行功能的封装和范围有关。

互操作性：将一个系统连接到另一个系统所需要的工作量。

12.4.2 软件质量保证方法

软件质量保证（software quality assurance，SQA）的措施主要有技术复审和测试。有两类参加软件质量保证工作的人员：软件工程师通过采用先进的技术方法和度量，进行正式的技术复审以及完成软件测试来保证软件质量；SQA 小组辅助软件工程师以获得高质量的软件产品，其从事的软件质量保证活动主要是计划、监督、记录、分析和报告。

1. 技术复审

技术复审能够较早发现软件错误，从而防止错误被传播到软件过程的后续阶段。统计数据表明，在大型软件产品中检测出的错误，60%～70%属于规格说明错误或设计错误，而技术复审在发现规格说明错误和设计错误方面的有效性高达 75%。由于能够检测出并排除掉绝大部分这类错误，技术复审可大大降低后续开发和维护阶段的成本。技术复审包括走查（walkthrough）和审查（inspection）等具体方法。

（1）走查

走查工作通常由一个走查组完成，走查组通常由 4～6 名成员组成。以走查规格说明的走查组为例，该走查组至少包括一名负责起草规格说明的人、一名负责该规格说明的管理员、一位客户代表、下一阶段开发组（在本例中是设计组）的一名代表和 SQA 小组的一名代表。通常 SQA 小组的代表应该作为走查组的组长，走查组成员应为经验丰富的高级技术人员。

走查组组长应当提前将被走查的材料分发给走查组成员。每位成员应该仔细研究材料并列出两张表：一张是不理解的术语表，另一张是认为不正确的术语表。组长应当引导该组成员走查文档，力求发现更多的错误。走查时间不应超过 2 小时，这段时间应该用来发现和标记错误，而不是改正错误。

（2）审查

审查组通常由 4 人组成，组长既是审查组的管理人员又是技术负责人。审查组必须包括负责当前阶段开发工作的项目组代表和负责下一阶段开发工作的项目组代表，此外，还应该包括一名 SQA 小组的代表。审查过程通常包括下述五个步骤。

1）综述：由负责编写文档的一名成员向审查组综述该文档。在综述会结束时把文档分发给每位参会者。

2）准备：审查员仔细阅读文档。最好列出在审查中发现的错误的类型，并按发生频率把错误类型分级，以辅助审查工作。这些列表有助于审查员们把注意力集中到最常发生错误的区域。

3）审查：审查组仔细审查整个文档。和走查一样，这一步的目的也是发现文档中的错误，而不是改正它们。通常每次审查时间不超过 90 分钟，审查组组长应该在一天之内写出一份关于审查的报告。

4）返工：文档的作者负责解决在审查报告中列出的所有错误及问题。

5）跟踪：组长必须确保所提出的每个问题都得到了圆满的解决（要么修正了文档，要么澄清了被误认为是错误的条目）。必须仔细检查对文档所做的每个修正，以确保没有引入新的错误。如果在审查过程中返工量超过 5%，则应该由审查组再对文档全面地审查一遍。

审查过程不仅步骤比走查多，而且每个步骤都是正规的。审查的正规性体现在：仔细划分错误类型，并把这些信息运用在后续阶段的文档以及未来产品的审查中。审查是检测软件错误的一种好方法，利用审查可以在软件过程的早期阶段发现并改正错误，能在修正错误的代价变得昂贵之前就发现并改正错误。因此，审查是一种经济有效的错误检测方法。

2. 测试

测试可以暴露程序中的错误，因此是保证软件可靠性的重要手段；但是，测试只能证明程序中有错误，并不能证明程序中没有错误。因此，对于保证软件可靠性来说，测试是一种不完善的技术。人们自然希望研究出完善的正确性证明程序（即能自动证明其他程序的正确性的程序），这样软件可靠性将更有保证，测试工作量将大大减少。

但是，即使有了正确性证明程序，软件测试也仍然是需要的，因为程序正确性证明只能证明程序功能是正确的，并不能证明程序的动态特性是符合要求的，此外，正确性证明过程本身也可能发生错误。正确性证明的基本思想是证明程序能完成预定的功能，因此，应该提供对程序功能的严格数学说明，然后根据程序代码证明程序确实能实现它的功能说明。

12.5　软件配置管理

软件配置管理（software configuration management，SCM）是指一套管理软件开发和维护过程中所产生的各种中间软件产品的方法和规则，它是控制软件系统演变的学科。软件配置管理是一种标识、组织和控制修改的技术，软件配置管理应用于整个软件工程过程中。软件配置管理活动的目标就是保证标识变更、控制变更、确保变更正确实现并向其他有关人员报告变更。

软件配置管理不同于软件维护，软件配置管理是贯穿于整个软件过程中的保护性活动，从项目启动一直持续到软件退役后，而软件维护是在软件交付以后才进行的过程。软件配置管理被设计用来：标识变化；控制变化；保证变化被适当的发现；向其他可能有兴趣的人员报告变化。

具体来讲，软件配置管理包括四个内容：版本控制、系统构建、变更管理、发布管理。版本控制包括跟踪系统构件的多个版本，保证不同开发者对构件做出的变更不会互相干扰。系统构建是组装程序构件、数据和库的过程，这些构件将被编译链接成一个可执行的系统。变更管理包括跟踪来自客户和开发者的变更请求，估计完成这些变更所消耗的成本并统计其影响，以决定是否进行变更和何时完成变更。发布管理包括准备对外发布的软件,持续跟踪已发布的系统版本。配置管理通过以上描述的版本控制、系统构建、变更管理、发布管理等手段,配合使用合适的配置管理软件来保证所有配置项的完整性和可追踪性。

12.5.1　基本概念

1. 软件配置项

软件配置项(software configuration item,SCI)是一个软件产品在生命周期各个阶段的不同形式(记录特定信息的不同媒体)和不同版本的程序、文档及相关数据的集合,该集合中的每一个元素称为该软件产品软件配置中的一个配置项。软件配置项是软件配置管理的对象,一个软件配置项是项目中一个特定的、可文档化的工作产品集。简言之,软件配置项是在配置控制下与软件项目有关的任何事务,包括设计、代码、测试数据和文档等。每个配置项都分配了唯一的标识符。

常见的软件配置项有需求规格说明书、设计规格说明书、源代码、测试计划、测试用例、用户手册。构造软件的工具和软件赖以运行的环境也常常列入配置管理的范畴。

每个配置项的主要属性有名称、标识符、文件状态、版面、作者和日期等。所有配置项都被保存在配置库里,确保不会被混淆或丢失。配置项的状态有三种:草稿、正式发布、正在修改。配置项及其历史记录反映了软件的演化变更过程。

2. 基线

由正式技术评审得到软件配置项的正式文档构成了基线。IEEE 把基线定义为:已经通过了正式复审的规格说明或中间产品,可以作为进一步开发的基础,并且只有通过正式的变化控制过程才能改变它。

基线是一个软件配置管理概念,它有助于在不严重妨碍合理变化的前提下来控制变化。基线是受控的,这意味着基线不能被非正式地修改。在建立基线后,需要通过特定的、正式的过程来评估、实现和验证每个变化。基线标志着软件开发过程一个阶段的结束,任一软件配置项,一旦形成文档并审议通过,即成为基线。基线使各阶段的工作划分得更明确,使本来连续的工作在这些点上断开,以便检验和肯定阶段成果。

基线的主要属性有名称、标识符、版本和日期等。通常将交付给客户的基线称为"Release",而为内部开发用的基线则被称为"Build"。基线的特点有:基线是正式的评审过程,不能随意修改;对基线的变更要受到更为严格的管控;基线是对软件配置项的进一步开发和修改的基准;基线需要定期审核,以验证与文档的一致性。

12.5.2　软件配置过程

1. 标识软件配置项

软件项目中会产生非常多的文档,包括技术文档和管理文档等,这些文档都属于软件配置项。随着软件开发过程的推进,当软件配置项发生变化和被修改时,需要及时通知相关开发人员，及时更改文档。因此，如何管理和控制软件配置项是软件配置管理的重要内容。

标识软件配置项是软件配置管理的第一步。为软件配置项指定的标识符要满足下述条件：首先，软件配置项的标识符要具有唯一性，以避免重名导致的混乱；其次，软件配置项的标识符要具有适应性，其命名能反映软件配置项的版本信息，并能适应软件配置项的变化；最后，软件配置项的标识符要具有可追溯性，其命名要能反映软件配置项之间的关系。

2. 版本控制

版本控制为软件配置项提供了一组属性，用来描述不同版本的软件配置项，以便能正确地反映并保留软件配置项的变化。属性可以是软件配置项的名称，也可以是配置项的修改时间、修改人员等属性的集合。软件控制将软件配置项的属性和版本关联起来，通过描述一组所期望的属性来指定和构造所需要的配置。借助上述技术，用户可以通过选择适当的版本来指定系统的配置。

3. 变更控制

对大型软件而言，变更请求（change request）在软件开发过程中不可避免。在软件生命周期内，项目需求可能发生变化，软件中的错误需要被修正，软件系统需要适应环境的变化，这些都会带来变更。不受控的变更会导致项目混乱，变更控制的目的是防止配置项被随意修改而导致混乱，保障软件演化是可控的。变更控制提供了一套修改和管理软件配置项的机制，通过控制软件配置项的变更，保障系统的演化是可控的，并且最紧急和成本效益最高的变更具有最高的优先级。

变更控制的主要内容包括标识变更、分析变更、记录变更、通知变更和配置变更。在决定是否同意变更请求时，需要考虑以下因素。

1）不进行变更会引起的后果。在评估变更请求时，首先要考虑如果不进行变更会带来什么样的后果。如果变更与已报告的系统失效有关，就必须考虑到该失效的后果是否严重。如果这个系统失效的影响较小，那么就不需要立刻进行变更，此变更具有较低的优先级；如果这个系统失效会导致系统崩溃等严重后果，那么不做变更会严重影响系统的运行。

2）变更的收益和影响的用户数。在评估变更时，需要考虑变更会为哪些用户带来收益，并会对哪些用户产生影响。如果变更只给极少数用户带来收益，却使大多数用户需要重新适应所作的修改，那么该变更是不明智的，需要分配一个较低的优先级。

3）变更的成本。如果变更影响了许多系统构件，从而增加了许多引入错误的机会，并且进行变更需要大量的成本，那么这个变更很可能不被通过。

4）产品的发布周期。如果刚刚发布了新版本系统，那么将变更推迟到下一个版本。

4. 配置审计

配置审计的目的是保证软件项目的所有人员都遵守配置管理规范。为了保证适当地进行了软件配置项的变更，从下面两个方面进行配置审计。

1）正式技术复审。正式技术复审是配置审计的核心，是从技术角度重新审查被修改后软件配置的正确性。随着软件开发过程的推进，在早期开发阶段难以确定的功能和性能，或没有被发现的问题将逐步暴露，因此需要通过正式技术复审来确保变更的正确性，并检查是否有变更导致的副作用。

2）软件配置审计。软件配置审计是对正式技术复审的补充。软件配置审计关注正式技术复审所忽略的特征，包括技术变更是否遵循了软件工程规范，是否遵循了标识、分析、记录、通知和配置变更的步骤，是否在改配置项显著标识了所作的修改等。

值得注意的是，配置审计并不是对配置库中的每个配置项都检查一遍，这是因为配置库中的配置项非常多，检查所有配置项没有太多价值。配置审计的对象是项目的主要配置项。如果主要配置项符合"版本控制规则"和"变更控制规则"，并定期备份了配置库，那么就可以认为配置管理符合规范。反之，如果配置审计时发现主要配置项混乱，则告知当事人及时更正，起到了审计的作用。

5. 配置状态报告

配置状态报告是记录软件配置变更过程和内容，反映软件开发情况的文档。配置状态报告主要回答下述问题。

1）何人对哪个配置项进行了变更？
2）在什么时间发生了哪些变更？
3）为什么进行变更？
4）造成了哪些变化和影响？

当软件配置项通过评估成为基线后，对它的每一次变更都需要记录配置状态报告，并将其作为所有小组成员共享的通信信息，以避免由不同开发者的更改造成的不一致。

12.6　软件项目人员管理

对软件项目而言，最关键的因素是承担项目的人员。合理地组织项目组可以使项目组有较高的生产率。最佳的小组结构取决于管理风格、组员人数和组员的技术水平，以及所承担的软件项目的难度。

12.6.1　团队组织

在软件项目中，通常将人员划分为若干个小组（team），每个小组负责一些任务。小组的结构形式对小组的工作效率和工作质量有非常大的影响。小组的结构形式可分为民主分权制、控制分权制和控制集权制三种形式。

在介绍具体的小组的结构形式之前，先介绍小组成员之间的通信路径。假设项目小组内共有 n 名组员，每个组员必须与所有其他组员进行通信以协调开发活动，那么通信路径的数量为

$$C_n^2 = \frac{n(n-1)}{2} \tag{12-15}$$

图 12-7 展示了当组员必须与其他所有组员通信时小组人数和通信路径之间的关系。如果每个组员只需要与另外一名组员通信，那么通信路径数为 $n-1$。因此，对于 n 个组员的小组，通信路径数量在 $n \sim n^2/2$。

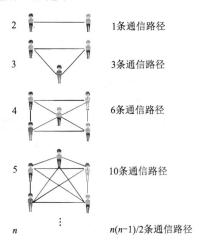

2	1条通信路径
3	3条通信路径
4	6条通信路径
5	10条通信路径
n	$n(n-1)/2$条通信路径

图 12-7 小组人数和通信路径

1. 民主分权制

民主分权制（democratic decentralized，DD）的小组没有固定的负责人，根据不同的任务来指定临时的任务协调员。决策由小组通过协商来共同制定，小组成员之间的通信是水平的，成员之间需要广泛的两两交流。民主分权制的小组中，各个成员完全平等，享有充分民主，成员之间通过协商做出决策。图 12-8 展示了一个经典的民主分权制小组结构。民主分权制适合规模较小、能力强、习惯于共同工作的软件开发组，以 2～8 名成员为宜，成员过多会导致成员间的通信消耗过多的时间。如果项目规模大，则应该使用多个开发小组，每个小组分别承担项目中的一部分任务，在一定程度上自主独立完成各自的任务。因此，民主分权制适合难度比较高、交付期限较长以及生存期较长的项目，最适合于解决模块化程度比较低的问题。

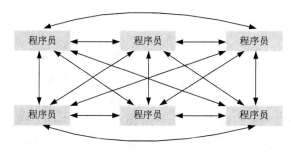

图 12-8 民主分权制小组结构

2. 控制分权制

控制分权制（controlled decentralized，CD）的小组有一位固定的负责人，他协调特定任务的完成并且指导负责子任务的二级负责人的工作。问题的解决仍然是集体行为，但是解决方案的实现由小组负责人划分为不同的成员或者成员组（又被称为子组）来完成。在控制分权制的小组中，个人和子组的交流是水平的，同时也存在沿着控制层次的上下级之间的垂直交流方式。图 12-9 展示了一个经典的控制分权制的小组结构，行政组长是总负责人，三位组长是负责子任务的二级负责人，每名组长下面有 2～3 名程序员。从行政组长到组长、组长到程序员之间的控制层次上存在上下级之间的垂直交流，而在同一层次的组长到组长、同小组的程序员到程序员之间存在着水平交流。

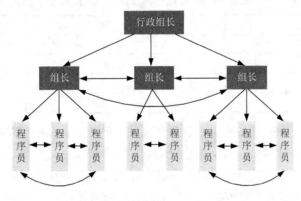

图 12-9　控制分权制的小组结构

3. 控制集权制

控制集权制（controlled centralized，CC）的小组里，由小组负责人进行管理顶层问题的解决过程并负责组内协调。负责人和小组成员之间的通信是垂直的。最早的小组结构形式是控制集权制的，其代表是"主程序员小组"（chief programmer team），最早由 IBM 公司于 20 世纪 70 年代初期开始采用。图 12-10 展示了主程序员小组结构。主程序员小组的核心是一位具有丰富经验的工程师（主程序员），负责计划、协调和审查小组的所有技术活动。程序员（通常 2～5 人）负责分析和开发任务。一个后备程序员支持主程序员的工作，并在必要时可替换主程序员的工作。另外，主程序员小组结构中可能

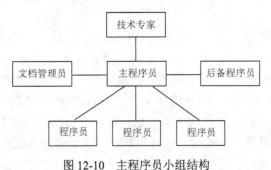

图 12-10　主程序员小组结构

还会有若干技术专家、文档管理员等来支持主程序员的工作。文档管理员可以为多个小组服务，他的工作包括维护和控制所有软件配置项，收集和整理相关数据，分类和索引可复用软件构件，支持小组的研究和评估工作等。

12.6.2 小组结构的选择

表 12-7 展示了三种类型的小组结构所适合的软件项目的特点。选择小组结构时，应考虑的因素有：待解决软件项目的困难程度；产生的程序规模（用代码行或者功能点来衡量）；小组成员需要共同工作的时间（小组生存期）；问题能够被模块化的程度；待建造系统所要求的质量和可靠性；交付日期的严格程度；项目所需要的通信量。

表 12-7　三种类型的小组结构所适合的软件项目的特点

类型	困难程度		规模		小组生存期		模块化程度		可靠性		交付日期		通信量	
	高	低	大	小	短	长	高	低	高	低	紧	松	高	低
民主分权制				✓		✓		✓	✓			✓	✓	
控制分权制		✓	✓		✓		✓		✓			✓	✓	
控制集权制		✓	✓		✓		✓		✓	✓				✓

项目人员组织结构可以分为集权制和分权制两类，其中本书所列举的控制集权制是经典的集权制小组结构形式，而民主分权制和控制分权制是分权制小组结构形式。

集权制的小组结构能以较快速度完成任务，适用于处理简单问题。分权制的小组结构能够产生更多、更好的解决方案，因此更适合于解决困难问题。小组的生存期长短影响小组士气，民主分权制的小组容易产生更高的士气和工作满意度，因此适用于生存期较长的小组。分权制的小组需要更多的通信量，因此大规模项目适合采用集权制的小组结构。民主分权制的结构适用于解决模块化程度低的项目，因为解决这一问题需要大量的通信和互动。对于可以被高度模块化的项目，选择控制集权制和控制分权制的小组结构更为适合。另外，以往的经验表明控制集权制和控制分权制的小组比民主分权制小组能产生更少的软件缺陷。

12.7　软件能力成熟度模型

12.7.1 基本概念

软件能力成熟度模型（capability maturity model，CMM）是由美国国防部投资研究、由美国卡内基梅隆大学软件工程研究所最早提出并取得研究成果的模型理论。目前，CMM 已成为国际上最流行、最实用的一种软件生产过程行业标准模型，已经得到了众多国家以及国际软件产业界的认可，是当今企业从事规模软件开发不可缺少的一项内容。

CMM 可定义、评价软件开发过程的成熟度，并提供提高软件质量的指导。CMM 将软件开发视为一个过程，它是对于软件组织在定义、实施、度量、控制和改善其软件过程的实践中各个发展阶段的模型化描述。CMM 的核心是把软件开发视为一个过程，并对软件开发和维护进行过程监控和研究，以使其更加科学化、标准化，使企业能够更好地实现商业目标。

CMM 为软件企业的过程能力提供了一个阶梯式的改进框架，它基于过去所有软件工程过程改进的成果，吸取了以往软件工程的经验教训，提供了一个基于过程改进的框架；它指明了一个软件组织在软件开发方面需要管理哪些主要工作、这些工作之间的关系以及以怎样的先后次序一步一步做好这些工作，从而使软件组织走向成熟。

CMM 有助于组织建立一个有规律的、成熟的软件过程。改进的过程将会生产出质量更好的软件，使更多的软件项目免受时间和费用的超支之苦。软件过程包括各种活动、技术和用来生产软件的工具。因此，它实际上包括了软件生产的技术方面和管理方面。CMM 策略力图改进软件过程的管理，而在技术上的改进是其必然的结果。CMM 提供了一个软件成熟度框架，以增量方式逐步引入变化。

在介绍 CMM 成熟度等级前，先介绍 CMM 描述中常用的一些基本概念。

1）过程。过程是为完成一个特定目标而进行的一系列操作步骤。

2）软件过程。软件过程是用于软件开发及维护的一系列活动、方法及实践。

3）软件过程能力。软件过程能力是用来描述通过执行软件过程来实现预期结果的能力。软件过程能力包括质量、效率、工期和成本等指标。通常，软件过程能力越强，所开发的软件质量越好，开发成本越低，项目工期越短。

4）软件过程成熟度。软件过程成熟度是指一个特定软件过程被明确和有效地定义、管理、测评和控制的程度。软件组织成熟的过程是一个不断改进、循序渐进的过程。表 12-8 比较了不成熟组织和成熟组织的多方面区别。

表 12-8　不成熟组织和成熟组织的对比

不成熟组织	成熟组织
软件过程在项目进行中临时决定，并不严格执行软件过程计划	建立了软件开发和维护过程，项目组成员按照计划完成开发
被动地处理软件项目中的突发问题	具有对软件项目的监控和主动应对风险的能力
对进度和经费的估计不准确，进度延期导致软件质量的降低	按照以往项目的实践经验来确定项目进度和预算，比较符合实际
产品质量难以预测	产品质量可预测，由质量保证部门监控软件产品质量

12.7.2　CMM 成熟度等级

CMM 设计的框架，将软件过程改进的进化步骤划分成五个成熟度等级，为软件过程循序渐进地不断改进奠定基础。五个成熟度等级按照成熟度从低到高分别为初始级、可重复级、已定义级、已定量管理级和持续优化级。在每一级成熟度等级中，CMM 定义了达到该级过程管理水平所应当解决的关键问题和关键过程。CMM 提供了一条从无序、混乱的过程到成熟的、有纪律的软件过程的进化途径。以软件过程成熟度框架为基础，可以导出过程改进策略，为软件过程的不断改进提供引导。图 12-11 简要描述了 CMM 成熟度等级及演化，表 12-9 展示了 CMM 成熟度等级及其特征。

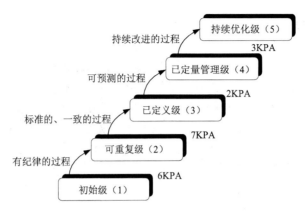

图 12-11　CMM 成熟度等级及演化

表 12-9　CMM 成熟度等级及其特征

成熟度等级	组织	项目	过程能力
持续优化级	关注持续的过程改进	软件过程被评价，以防止过失重复发生，并将从中获得的教训散布给其他项目	持续改进的
已定量管理级	为软件产品和过程设定了量化的质量目标	项目减少过程性能的变化性，使其进入可接受的量化边界，从而达到对产品和过程的有效控制	可预测的
已定义级	在组织范围内开发和维护软件的标准过程被文档化，其中包括软件工程过程和管理过程，它们集成为一个一致的整体	对组织的标准软件过程进行裁剪，以开发它们自己项目的软件过程	标准的、一致的
可重复级	将软件项目的有效管理过程制度化，使组织能够重复以前的成功实践	具备基本的软件管理控制	可重复的
初始级	通常不具备稳定地开发和维护软件的环境	当发生危机时，通常放弃计划的过程而只专注于编码和测试	不可预测的

1. 初始级

处于初始级阶段，软件开发组织通常不具备稳定地开发和维护软件的环境。当发生危机时，通常放弃计划的过程而只专注于编码和测试。处于初始级的软件项目过程是无序的且不可预测，这是由于软件开发无规范，软件过程不确定、无计划、无秩序，过程执行不"透明"，需求和进度失控。处于此阶段的项目缺乏健全的管理制度，项目的成效不稳定，产品的性能依赖于个人的技能、知识和动机，并只能通过个人的能力进行预测。

2. 可重复级

处于可重复级阶段的软件开发组织将软件项目的有效管理过程制度化，可用于对成本、进度和功能特性进行跟踪，这使组织能够重复以前项目中的成功实践。处于可重复级的项目过程能力有以下特征。

1) 可重复的，即是在对当前项目的需求进行分析后制定的，能重复以前的成功实践，这也是该级别的一个显著特征。

2）基本可控，即对软件项目的管理过程是制度化的。

3）过程是有效的，即对项目建立了实用的、已文档化的、已实施的、已培训的、已测量的和能改进的过程。

4）项目是稳定的，即对新项目的策划和管理有明确的管理方针和确定的标准，可使项目稳定地发展。

5）过程是有纪律的，即对所建立和实施的方针和规程，已经进化为组织的行为，从而使软件开发组织能够保证准确地执行给定的软件过程。

3. 已定义级

在已定义级阶段，开发过程中用于管理的和工程的软件过程已实现文档化和标准化，建立了完全的培训制度和专家评审制度，全部技术活动和管理活动均可稳定实施，项目的质量、进度和费用均可控制，形成了整个软件组织的标准软件过程。全部项目均采用与实际情况相吻合的、适当修改后的标准软件过程来进行操作。此阶段的项目过程是标准的、一致的，表现在以下几个方面。

1）建立了"组织的标准软件过程"。

2）建立了负责组织的软件过程活动的机构。

3）对组织的标准软件过程进行剪裁，根据环境和需求来适当修改标准软件过程来进行软件开发。

4. 已定量管理级

在已定量管理级，产品和过程已建立了定量的质量目标，软件过程中活动的生产率和质量是可度量的，并实现项目产品和过程的控制。在此阶段，项目减少过程性能的变化性，使其进入可接受的量化边界，从而达到对产品和过程的有效控制。软件开发组织对软件产品和过程设置了定量的质量目标，软件过程有明确定义和一致的测量方法和手段。此阶段项目过程是可预测的，表现在以下四个方面。

1）设置了定量的质量目标，可定量地评价项目的软件过程和产品质量。

2）项目产品质量和过程是受控和稳定的，可以将项目的过程性能变化限制在一个定量的、可接受的范围之内。

3）开发新领域软件的风险是可定量评估的。

4）组织的软件过程能力是可定量预测的。

5. 持续优化级

在持续优化级，软件开发组织关注持续的过程改进。拥有防止缺陷出现和识别薄弱环节以及加以改进的手段，可以取得过程有效性的统计数据，并基于此数据进行分析，从而得到更佳方法。持续优化级的软件过程能力是持续改进的，表现为过程不断被改进、有效预防缺陷、组织的过程能力不断被提高。

12.7.3 关键过程域

CMM 的每一级成熟度等级包含了一组关键过程域（key process area，KPA）。KPA 表示当软件组织改进软件过程时必须集中精力解决的关键问题。一个组织想要达到某个成熟度等级，必须满足该等级以及较低等级所包含的所有 KPA 的要求，满足每个 KPA 的所有目标。如表 12-10 所示，各个 CMM 成熟度等级对应了不同的 KPA。CMM 中一共包含 18 个 KPA，分别分布在第 2 级（可重复级）到第 5 级（持续优化级）四个成熟度等级中。

表 12-10　CMM 成熟度等级和对应的 KPA

成熟度等级	第 2 级（可重复级）	第 3 级（已定义级）	第 4 级（已定量管理级）	第 5 级（持续优化级）
KPA	需求管理 软件项目计划 软件项目跟踪与监控 软件子合同管理 软件质量保证 软件配置管理	组织过程焦点 组织过程定义 培训程序 集成软件管理 软件产品工程 组间协调 同级评审	定量过程管理 软件质量管理	缺陷预防 技术变更管理 过程变更管理

CMM 的第 2 级（可重复级）包含 6 个 KPA，主要涉及建立软件项目管理控制方面的内容。第 2 级的 KPA 包括需求管理（requirements management，RM）、软件项目计划（software project planning，SPP）、软件项目跟踪与监控（software project tracking and oversight，SPTO）、软件子合同管理（software subcontract management，SSM）、软件质量保证（software quality assurance，SQA）和软件配置管理（software configuration management，SCM）。

CMM 的第 3 级（已定义级）有 7 个 KPA，主要涉及项目和组织的策略，软件组织建立起对项目中的有效计划和管理过程的内部细节。第 3 级的 KPA 包括组织过程焦点（organization process focus，OPF）、组织过程定义（organization process definition，OPD）、培训程序（training program，TP）、集成软件管理（integrated software management，ISM）、软件产品工程（software product engineering，SPE）、组间协调（intergroup coordination，IC）和同级评审（peer reviews，PR）。

CMM 的第 4 级（已定量管理级）有 2 个 KPA，主要的任务是为软件过程和软件产品建立一种可以理解的定量的方式。第 4 级的 KPA 包括定量过程管理（quantitative process management，QPM）和软件质量管理（software quality management，SQM）。

CMM 的第 5 级（持续优化级）有 3 个 KPA，主要涉及的内容是软件组织和项目中如何实现持续不断的过程改进问题。第 5 级的 KPA 包括缺陷预防（defect prevention，DP）、技术变更管理（technology change management，TCM）和过程变更管理（process change management，PCM）。

习　　题

1. 在学院工资系统项目中，需要开发一个程序，该程序将从会计系统中提取每年的工资额，并从两个文件中分别提取课程情况以及每位老师所教的每门课的时间，该程序将计算每门课的老师的成本并将结果存成一个文件，该文件可以输出给会计系统，同时该程序也将产生一个报表，来显示对于每门课、每位老师教学的时间以及这些工时的成本。假定报表是具有高度复杂性的，其他具有一般复杂性。请使用功能点估算技术对此项目的规模进行估计。

2. 简述软件规模、项目工作量和项目成本这几个概念的联系和区别。简述如何估计软件的项目成本。

3. 有哪些估算工作量的算法估算成本模型？

4. 比较基于经验和基于算法模型来进行工作量估算的方法。

5. 假设你所在的组织要为个人和小型业务开发数据库产品，而该组织对这个软件开发的量化感兴趣，请写一份报告来提出合适的度量，并说明如何收集度量信息。

6. 根据图 12-6 给出的软件质量因素讨论软件质量的评估，并对如何评估每个因素做出说明。

参 考 文 献

胡思康，2019. 软件工程基础[M]. 3 版. 北京：清华大学出版社.

李爱萍，崔冬华，李东生，2014. 软件工程[M]. 北京：人民邮电出版社.

罗杰·S. 普莱斯曼（Roger S. Pressman），布鲁斯·R. 马克西姆（Bruce R. Maxim），2016. 软件工程：实践者的研究方法：原书第 8 版[M]. 郑人杰，马素霞，等译. 北京：机械工业出版社.

王立福，孙艳春，刘学洋，2009. 软件工程[M]. 3 版. 北京：北京大学出版社.

伊恩·萨默维尔（Ian Sommerville），2007. 软件工程：原书第 8 版[M]. 程成，陈霞，译. 北京：机械工业出版社.

伊恩·萨默维尔（Ian Sommerville），2011. 软件工程：原书第 9 版[M]. 程成，等译. 北京：机械工业出版社.

伊恩·萨默维尔（Ian Sommerville），2018. 软件工程：原书第 10 版[M]. 彭鑫，赵文耘，等译. 北京：机械工业出版社.

张海藩，吕云翔，2013. 软件工程[M]. 4 版. 北京：人民邮电出版社.

张海藩，牟永敏，2013. 软件工程导论[M]. 6 版. 北京：清华大学出版社.

张秋余，张聚礼，柯铭，等，2014. 软件工程[M]. 西安：西安电子科技大学出版社.

曾强聪，2004. 软件工程[M]. 北京：高等教育出版社.

郑人杰，殷人昆，陶永雷，1997. 实用软件工程[M]. 2 版. 北京：清华大学出版社.

BÖHM C, JACOPINI G, 1966. Flow diagrams, turing machines and languages with only two formation rules[J]. Communications of the Association for Computing Machinery, 9(5): 366-371.

BRAUDE E J, 2001. Software engineering: An object-oriented perspective[M]. New York: John Wiley & Sons.

GAMMA E, HELM R, JOHNSON R, et al., 1994. Design patterns: elements of reusable object-oriented software[M]. Reading, Massachusetts: Addison-Wesley.

GRAHAM D R, 1996. Testing object-oriented systems[M]. London: Ovum Ltd.

HARROLD M J, MCGREGOR J D, 1989. Incremental testing of object-oriented class structures, technical report[M]. Clemson, South Carolina: Clemson University.

PERRY D E, KAISER G E, 1990. Adequate testing and object-oriented programming[J]. Journal of Object-Oriented Programming, 2(5): 13-19.

PRESSMAN S R, MAXIM R B, 2015. Software engineering: a practitioner's approach[M]. Eighth Edition. New York: McGraw-Hill Education.

RUMBAUGH J, BLAHA M, PREMERLANI W, et al., 1991. Object-oriented modeling and design[M]. Englewood Cliffs, New Jersey: Prentice Hall.

SHARI L, PFLEEGER, ATLEE J M, 2009. Software engineering: theory and practice[M]. 4th. Upper Saddle River: Pearson Higher Education.

SKOWRONSKI V, 2004. Do agile methods marginalize problem solvers? [J]. Computer, 37(10): 120-118.

SMITH M D, ROBSON D J, 1992. A framework for testing object-oriented programs[J]. Journal of Object-Oriented Programming, 5(3): 45-54.

TOM DEMARCO, 1978. Structured analysis and system specification[M]. New York: Yourdon Press.